AF279738

UTILIZACIÓN DE HERRAMIENTAS GENÓMICAS PARA FACILITAR LA IMPLEMENTACIÓN DE LA SELECCIÓN GENÓMICA EN LOS PROGRAMAS DE CRÍA DEL GANADO OVINO

La edición de esta obra, que obtuvo el XXVIII Premio "Mariano Rodríguez para Jóvenes Investigadores" en la convocatoria 2023, ha sido financiada por la "Fundación Carolina Rodríguez".

Héctor Marina García

UTILIZACIÓN DE HERRAMIENTAS GENÓMICAS PARA FACILITAR LA IMPLEMENTACIÓN DE LA SELECCIÓN GENÓMICA EN LOS PROGRAMAS DE CRÍA DEL GANADO OVINO

2024

Marina García, Héctor

Utilización de herramientas genómicas para facilitar la implementación de la selección genómica en los programas de cría del ganado ovino / Héctor Marina García. – [León] : Universidad de León, Servicio de Publicaciones, 2024

109 p. : il., graf., tablas, mapa col. y bl. y n. ; 21 cm

Bibliogr.: p. [93]-109. -- XXVIII Premio "Mariano Rodríguez para Jóvenes Investigadores" en la convocatoria 2023 de la "Fundación Carolina Rodríguez"

ISBN 978-84-19682-55-0

1. Ganado lanar-Reproducción. 2. Genómica. I. Universidad de León. Servicio de Publicaciones. II. Título.

636.32.082.2:575.111

575.111:636.32.082.2

Edita: UNIVERSIDAD DE LEÓN. Servicio de Publicaciones

© Universidad de León. Servicio de Publicaciones.

© Héctor Marina García

ISBN: 978-84-19682-55-0
Depósito legal: LE 243-2024
Imprime: Kadmos
Impreso en España / Printed in Spain

Esta editorial es miembro de UNE, lo que garantiza la difusión y comercialización de sus publicaciones a nivel nacional e internacional.

ÍNDICE

RESUMEN

El planteamiento del presente trabajo científico se ve influenciado por la evolución que han sufrido las herramientas de secuenciación y las plataformas de genotipado en los últimos años y su aplicación en el ámbito de la Cría y Mejora Genética Animal. El rápido desarrollo de las técnicas moleculares de genotipado y secuenciación genómica ha derivado en un aumento de su eficacia, asequibilidad e importancia, permitiendo su implementación en los programas de cría. Estas herramientas genómicas son especialmente útiles para la mejora de caracteres cuantitativos cuyos fenotipos son difíciles de medir en las prácticas habituales de la industria ganadera, como son los caracteres de rendimiento quesero y las propiedades de coagulación de la leche en el ganado ovino lechero. Con el propósito de abordar esta problemática, presentamos varios trabajos de investigación basados en la aplicación de herramientas de secuenciación de segunda generación, plataformas de genotipado y metodologías bioinformáticas para la identificación de regiones genómicas que puedan influir sobre los caracteres de coagulabilidad de la leche y rendimiento quesero en el ganado ovino, y la verificación de su utilidad práctica para la industria.

En la primera etapa de la investigación, la utilización de tecnologías de secuenciación genómica de segunda generación permitió el desarrollo de flujos de análisis bioinformáticos especializados en la detección de nuevos polimorfismos en regiones genómicas funcionalmente relevantes para la producción de leche en el ganado ovino. Además, la combinación y comparación de la información obtenida de la secuenciación con genomas completos con el uso de plataformas de genotipado de variantes tipo **SNPs** (del inglés *single nucleotide polymorphism*), ha permitido el desarrollo y aplicación de flujos bioinformáticos enfocados en la identificación de marcadores con errores sistemáticos en sus genotipos. A través de esta metodología se pretende mejorar la fiabilidad de la información de las plataformas de genotipado y aumentar así la precisión de análisis basados en este tipo de datos.

En la segunda etapa de la investigación, se ha desarrollado una estrategia de imputación de la información de marcadores tipo microsatélites (utilizados habitualmente en los programas de cría para el control de paternidad), a partir de la información genotípica de las plataformas de genotipado tipo SNPs, facilitando así la transición entre estas tecnologías. Las plataformas de genotipado tipo SNPs permiten realizar de una manera más automatizada la identificación individual y verificación de parentesco en ovino en comparación con los marcadores tipo microsatélite. Este procedimiento facilita la inclusión de la información genómica en los programas de cría del ganado ovino lechero sin necesidad de una inversión inicial.

En la tercera etapa de la investigación, se llevó a cabo un estudio de asociación del genoma completo (**GWAS**, del inglés *genome-wide association study*) con objeto de identificar las regiones genómicas relacionadas con los caracteres de rendimiento quesero. A través de este trabajo se pudo seleccionar una lista de variantes tipo SNPs localizadas en genes candidatos funcionales y posicionales relacionados con los caracteres de leche y elaboración de queso en las razas ovinas Assaf y Churra. A continuación, se evaluó la inclusión de la información genómica en los programas actuales de selección de las razas de ganado ovino lechero de raza Assaf y Churra. La combinación de la información generada por las plataformas de genotipado tipo SNP junto con la información del pedigrí es la más eficiente y óptima para realizar la estimación de los valores de cría de los caracteres de rendimiento quesero y las propiedades de coagulación de la leche de oveja. Con el objetivo de reducir los costes asociados al genotipado de media densidad (50.000 SNPs), se ha descrito un chip de baja densidad (~3.000 SNPs) que ha demostrado ser una herramienta fiable y eficaz para la estimación de los valores genómicos, realizar la imputación de los genotipos de los microsatélites y confirmaciones de parentesco. La inclusión de esta herramienta podría aumentar potencialmente la ganancia genética en los programas de selección de cría de estas dos razas de ganado ovino lechero.

Los trabajos descritos proporcionan una visión global de la utilidad de las herramientas moleculares actuales de secuenciación y genotipado a nivel genómico para estudiar la arquitectura genética subyacente a los caracteres de rendimiento quesero y las propiedades de coagulación de la leche, caracteres de interés económico en el ganado ovino lechero. Además, este conjunto de trabajos evalúa la utilidad práctica de los resultados obtenidos en estos estudios y su posible impacto en los programas de selección actuales aplicados en el ganado ovino lechero.

CAPÍTULO I. INTRODUCCIÓN

VISIÓN GENERAL

El ganado ovino está principalmente destinado a la producción de carne, leche y lana y su explotación se basa, generalmente, en la cría de razas autóctonas adaptadas a sus áreas de producción (Rupp et al., 2016). En el caso del ganado ovino lechero, la especialización hacia producción láctea comenzó hace 4.000-5.000 años (Chessa et al., 2009). En los últimos cientos de años los procesos de selección hacia las diferentes aptitudes de producción ha favorecido el desarrollo de razas ovinas con un alto nivel de especialización dirigido hacia la producción láctea (Kijas et al., 2012). La producción láctea en los pequeños rumiantes, en concreto las ovejas, es una actividad económica importante para las regiones de los países mediterráneos y contribuye al mantenimiento de la actividad económica y poblacional de las áreas rurales (Carta et al., 2009).

En España se sitúa el 1,25% del total mundial de ganado ovino y el 12% del total Europeo, siendo esta una de las mayores cabañas de Europa (FAOSTAT., 2019). En cuanto a la producción láctea, España produce el 5,32% de la leche mundial de ovino y el 10,84% del queso mundial. Pese a la notable disminución de las cabezas de ganado ovino en los últimos 20 años (36,56% de la cabaña de ganado ovino), la producción de leche y queso de origen ovino ha aumentado en un 42,96% y 66,42%, respectivamente (FAOSTAT., 2019). Este hecho realza la importancia que ha adquirido el ganado ovino lechero en el sector en los últimos años.

La leche ovina se caracteriza por un alto contenido proteico, graso, mineral, vitamínico y energético (Raynal-Ljutovac et al., 2008; Selvaggi et al., 2014), siendo estas propiedades las que permiten que los quesos de oveja tengan mejores características sensoriales que los de cabra y vaca (Pappa et al., 2006). El contenido proteico y graso de la leche influye fuertemente en características tecnológicas y organolépticas de los derivados lácteos (Moioli et al., 2007) y está directamente correlacionado con la producción quesera (Othmane et al., 2002; Sánchez-Mayor et al., 2019). Por lo tanto, la calidad de la leche cruda de oveja es esencial a la hora de producir grandes cantidades de queso (Pazzola et al., 2018).

La evolución de consumo ha aumentado la demanda de quesos típicos y de mayor calidad y seguridad, lo que conlleva a la necesidad por parte del sector ovino, de aumentar la producción de leche y su composición grasa y proteica, para así, satisfacer esta demanda (Barillet, 2007).

ESTADO ACTUAL DE LOS PROGRAMAS DE SELECCIÓN EN EL GANADO OVINO EN ESPAÑA

La relevancia económica de la producción de queso ha impulsado el desarrollo de programas de cría enfocados en aumentar su producción a través del aumento de los sólidos totales de la leche (grasa, proteína, lactosa y minerales). Las asociaciones de ganaderos de ovino lechero están principalmente enfocadas en la mejora de poblaciones autóctonas. Sin embargo, alguna raza exótica ha desplazado a las razas autóctonas en las regiones del mediterráneo por su alto rendimiento productivo, como es el caso de la razas Awassi, East Friesian y Chios (Barillet, 1997). En concreto en España, la raza Assaf, introducida en el año 1977, es un ejemplo de raza autóctona que ha desplazado en parte a las razas locales (De La Fuente et al., 1996). Se trata de una raza sintética obtenida en Israel a partir del cruce local de la raza Awassi y la raza importada East Friesian y está caracterizada por lactaciones largas y altas producciones lácteas en comparación con otras razas autóctonas españolas, como la raza Churra (De la Fuente et al., 2006; Jiménez and Jurado, 2015). Por otro lado, la leche de la raza Churra está caracterizada por una mayor cantidad de grasa y proteína lo que da lugar también a un mayor rendimiento del queso en comparación con la raza Assaf (Suárez-Vega et al., 2016).

Los esquemas tradicionales de selección que siguen los programas de mejora fueron concebidos en la década de 1960 (Carta et al., 2009). El sistema más eficaz está basado en la gestión de los núcleos comerciales, en los que se lleva a cabo el registro de pedigrí, apareamiento natural controlado, el control lechero oficial y la estimación del valor de cría para asegurar el progreso genético (Barillet, 1997; Carta et al., 2009). El progreso genético se transfiere a los núcleos comerciales desde los centros de testaje de machos a través de la inseminación artificial o el apareamiento natural controlado (Carta et al., 2009). Para llevar a cabo los programas de selección es necesario realizar un control de la producción láctea de los animales, España es el segundo país de la Unión

Europea con mayor participación en el control lechero oficial, por detrás de Francia (Astruc et al., 2002). El control lechero oficial permite obtener información individual de la cantidad de leche producida por cada oveja (**MY**, del inglés *milk yield*), además de su composición y otros caracteres funcionales como el número de células somáticas (**SCC**, del *inglés somatic cell count*) (Legarra and Ugarte, 2005; Gutiérrez et al., 2007; Gutiérrez-Gil et al., 2007). Estos datos se implementan en la evaluación genética a través de un modelo animal con medidas repetidas en casi todas las razas de ganado ovino lechero (Astruc et al., 1994). Este modelo mixto, en el que se incluyen factores fijos ambientales y factores aleatorios como el efecto genético aditivo y el efecto permanente, trata de obtener los mejores predictores lineales insesgados (**BLUP**, del inglés *best linear unbiased predictor*) y ha dado lugar a resultados destacables en los países mediterráneos principalmente en el carácter de producción lechera (Carta et al., 2009).

Marcadores genéticos en la selección tradicional

Los sistemas basados en los métodos de selección tradicional contemplan el uso de marcadores genéticos para el diagnóstico resistencia/susceptibilidad de enfermedades, como la tembladera ovina o *scrapie,* y para el control de parentesco, que se realiza a través de marcadores tipo microsatélites (Carta et al., 2009). En el ganado ovino, una de las principales estrategias de reproducción es la monta natural. Además, dada la baja tasa de fertilidad de la inseminación artificial en pequeños rumiantes, en aquellas explotaciones donde se realiza, generalmente se combina con la monta natural para aumentar la eficiencia reproductiva. El uso conjunto de estas dos estrategias reproductivas, conlleva una falta de control de la paternidad y por tanto, a pedigríes de baja calidad (Rupp et al., 2016). Un pedigrí de baja calidad afecta directamente a la ganancia genética del programa de mejora provocando sesgos en la estimación de heredabilidades (proporción de la varianza de un carácter atribuido a factores genéticos hereditarios), parámetros genéticos, valores de cría y por tanto, también afecta a la identificación de los animales superiores para la selección (Geldermann et al., 1986; Dodds et al., 2005; Heaton et al., 2014). Por estos motivos, las pruebas de parentesco mediante marcadores moleculares son cruciales para aumentar la precisión del pedigrí y garantizar el éxito de los programas de selección.

Los marcadores moleculares de elección en las últimas décadas para las pruebas de parentesco han sido los marcadores microsatélite, debido a su alto grado de polimorfismo (Chambers and MacAvoy, 2000). Estos marcadores, que consisten en repeticiones de 1-6 pares de bases (**bp**, del inglés *base pairs*) en tándem, están siendo sustituidos gradualmente por los polimorfismos de nucleótido único (**SNP**, del inglés *single nucleotide polymorphism*). Aunque el grado de polimorfismo de los SNPs es menor que el de los marcadores microsatélites, requiriendo un mayor número de SNPs para igualar el grado de precisión de los microsatélites en las pruebas de verificación de parentesco (200-700 SNPs comparado con 14-20 microsatélites) (Strucken et al., 2016), la automatización en el genotipado con plataformas de miles de SNPs, los menores ratios de errores y su distribución más uniforme a lo largo del genoma (Carta et al., 2009; Glover et al., 2010; Zhang et al., 2013) hacen que estén desplazando a las metodologías basadas en los marcadores microsatélites. Además, el abaratamiento de los costes asociados al genotipado de SNPs ha dado lugar a la implementación de la selección genómica en los programas de cría (Brito et al., 2017; Cesarani et al., 2019; Lillehammer et al., 2020).

EL *INTERNATIONAL SHEEP GENOMICS CONSORTIUM* (ISGC), PROYECTO *SHEEP HAPMAP*, Y LAS HERRAMIENTAS DE GENOTIPADO MASIVO

El *International Sheep Genomics Consortium* (**ISGC**) surgió con el propósito central de realizar la secuenciación parcial del genoma ovino para la identificación de un número limitado de polimorfismos tipo SNPs y la creación de un chip de baja densidad, a través del proyecto *Sheep Hapmap* (http://www.sheephapmap.org/). Sin embargo, la aparición de técnicas de secuenciación de segunda generación permitió cambiar el objetivo inicial de este proyecto para finalmente realizar una secuenciación de baja cobertura (3x) del genoma completo de la oveja y así poder generar un chip de 50.000 SNPs. Para el diseño de este chip de SNPs, se secuenció el genoma (cobertura 0,5x) de seis animales pertenecientes a diferentes razas (Awassi, Merino Australiano, Poll Dorset, Romney, Scottish Black Face y Texel) mediante la técnica de secuenciación de segunda generación *Roche 454 FLX*. Esta técnica permitió la identificación de más de 590.000 SNP, de entre los cuales se seleccionaron 54.241 SNPs para realizar el diseño el primer chip de SNPs específico de oveja (*OvineSNP50 BeadChip*), comercializado por la empresa Illumina en el año 2009. Para la selección de estos marcadores se utilizaron una serie de criterios: (i) la frecuencia del alelo menor de los SNPs debía ser superior al 20%; (ii) cada SNP debía presentar una secuencia flanqueaste única de un tamaño de 200 bp; (iii) los SNPs deberían tener una distribución uniforme a lo largo de todo el genoma, la calidad de la sonda del marcador debía ser superior a 80%; y además (iv) se aplicaron varios criterios de control de calidad respecto a la técnica de detección del polimorfismo y la precisión de su frecuencia alélica.

El diseño de este chip de SNPs a través del proyecto *Sheep Hapmap*, bajo la supervisión del ISGC, permitió el genotipado de un total de 2.819 animales pertenecientes a 74 razas ovinas (Kijas et al., 2012). La disponibilidad del *OvineSNP50 BeadChip*, permitió a la comunidad científica realizar estudios de asociación en todo el genoma a un relativo bajo coste, tanto para caracteres mendelianos como para caracteres cuantitativos en el ganado ovino (García-Gámez et al., 2012a; Suárez-Vega et al., 2013), hecho que habría sido impensable con la utilización de los marcadores tradicionales (Wu et al., 2014). Además, los chips de SNPs han demostrado ser herramientas eficaces para realizar análisis poblacionales, tales como el cálculo del desequilibrio de ligamiento, de la consanguinidad o del tamaño efectivo (García-Gámez et al., 2012b; Mokry et al., 2014; Chitneedi et al., 2017), entre otros.

El éxito de esta metodología de genotipado, despertó el interés en la industria ganadera (Carta et al., 2009; Glover et al., 2010; Zhang et al., 2013) propiciando la aparición de un elevado número de chips de SNP comerciales específicos de especie, siendo los proveedores más comunes Illumina (Illumina Inc, San Diego, CA, USA) y Affymetrix (Affymetrix Inc, San Diego, CA, USA). Además de los chips de SNPs comerciales, el desarrollo de esta tecnología ha permitido el diseño de chips de genotipado personalizados (*custom SNP chips*). Estos últimos, posibilitan una rápida adaptación a las versiones del genoma o situaciones específicas como la inclusión de variantes relacionadas con determinados caracteres de interés, como son los caracteres de rendimiento quesero y las propiedades de coagulación de la leche de oveja. La disponibilidad de los chips diseñados a la carta ha realzado la importancia del descubrimiento de nuevas variantes genómicas que puedan explicar parte de la variabilidad de estos caracteres y, por tanto, sean de gran utilidad para la industria.

ESTRATEGIAS PARA LA IDENTIFICACIÓN DE REGIONES GENÓMICAS ASOCIADAS A CARACTERES PRODUCTIVOS DE INTERÉS EN EL GANADO OVINO LECHERO

El desarrollo y abaratamiento de los costes de las tecnologías de genotipado ha permitido la identificación de regiones genómicas asociadas a caracteres de interés productivo en las diferentes especies ganaderas. La aplicación de este conocimiento sobre los programas de cría permite acelerar la ganancia genética de aquellos caracteres medidos de forma rutinaria y sobre todo, de aquellos fenotipos cuya medida rutinaria no es posible en la práctica (Barillet, 2007). La identificación de estas regiones asociadas a caracteres de interés en el ganado ovino ha estado principalmente centrada en los caracteres de producción y composición de la leche (García-Gámez et al., 2012a; Di Gerlando et al., 2019).

Para esclarecer la compleja arquitectura genética que subyace a los caracteres de producción y composición de la leche se han realizado diferentes estudios de asociación del genoma completo (**GWAS**, del inglés *genome-wide association study*). A través de este tipo de análisis, se han asociado determinados polimorfismos, localizados en los cuatro tipos de caseínas de la leche ovina (αs1-Cn, αs2-Cn, β-Cn, y κ-Cn codificadas por los genes *CSN1S1*, *CSN1S2*, *CSN2* y *CSN3*, respectivamente) y en las proteínas de lactosuero (α-Lactoalbúmina and β-Lactoglobulina codificadas por los genes *LALBA* y *LGB*, respectivamente), con caracteres como MY y a los porcentajes de proteína (**PP**, del inglés *protein percentage*) y grasa (**FP**, del inglés *fat percentage*) de la leche (Corral et al., 2010; Garcia-Gámez et al., 2013; Giambra et al., 2014; Padilla et al., 2018). Entre estas variantes, cabe destacar un polimorfismo de tipo SNP que produce un cambio de aminoácido (p.Val27Ala) en la región codificante del gen *LALBA*, el cual está altamente relacionado con el contenido proteico y graso de la leche del ganado ovino de la raza Churra (García-Gámez et al., 2012), una de las razas estudiadas en el presente trabajo. El estudio de la base genómica subyacente a caracteres complejos, como son los caracteres relacionados con la producción y composición de la leche, es complicado ya que están influidos por un gran número de regiones a lo largo del genoma. Por ello, la disponibilidad de genotipos distribuidos a lo largo del genoma, como los chips de SNPs de media (50.000 SNPs) o alta densidad (~700.000 SNPs) son esenciales para realizar este tipo de análisis, y poder a través de los GWAS, relacionar los fenotipos de interés con regiones genómicas concretas (Korte and Farlow, 2013).

El desarrollo y abaratamiento de las técnicas de secuenciación de segunda generación, como la resecuenciación del genoma completo (**WGR**, del inglés *whole genome resequencing*), ha facilitado su uso en diferentes especies. La WGR tiene como objeto producir la secuencia completa del ADN de un organismo, y lo hace mediante la tecnología de secuenciación masiva paralela. Una de sus aplicaciones más comunes es la identificación de variantes genómicas en diferentes poblaciones (Xu and Bai, 2015; Fuentes-Pardo and Ruzzante, 2017). En el ganado ovino lechero, los polimorfismos descritos en los genes codificantes para las caseínas y las proteínas de lactosuero se han asociado con caracteres cuantitativos y cualitativos de interés para el ganado ovino (Moioli et al., 1998; Martin et al., 2002). Por otro lado, el contenido graso de la leche es altamente variable y dependiente del genotipo del animal y de la dieta (Moioli et al., 2007). Esta variabilidad se debe a la complejidad del metabolismo lipídico de la glándula mamaria, el cual engloba una gran cantidad de genes que interaccionan entre sí (Bionaz and Loor, 2008). La mayor ventaja de la tecnología WGR es que permite detectar todos los polimorfismos del genoma con un solo análisis, tal y como muestra el estudio realizado por Luigi-Sierra et al., (2020) orientado a la identificación de variantes en los genes de las caseínas en el ganado ovino. Por lo que la identificación de variantes localizadas en los genes codificantes para proteínas de la leche o relacionados con la síntesis de ácidos grasos centrado específicamente en las razas lecheras del ganado ovino sería de gran interés, dado que podrían explicar parte de la varianza encontrada en los caracteres de composición de la leche y por tanto, influir indirectamente en las propiedades de coagulación de la leche (Noce et al., 2016).

Nuevos caracteres productivos de interés para el ganado ovino lechero

Los esquemas de selección actuales en el ganado ovino lechero están principalmente enfocados en el aumento de la cantidad de leche producida a nivel individual y sus contenidos grasos y proteicos. El interés sobre contenido graso y proteico de la leche se basa en que está altamente relacionado con los caracteres de rendimiento quesero (Othmane et al., 2002; Sánchez-Mayor et al., 2019). Sin embargo, la demanda de un producto quesero de mayor calidad por parte de los consumidores (Barillet, 2007) ha promovido el estudio de nuevos caracteres relacionados con las propiedades de coagulación de la leche de oveja (**MCPs**, del inglés *milk coagulation properties*) y caracteres de rendimiento quesero. Entre estos nuevos fenotipos de interés relacionados con las MCPs podemos destacar: (i) el tiempo de coagulación del cuajo (**RCT**, del inglés *rennet clotting time*), el tiempo de endurecimiento del cuajo (**K_{20}**, del inglés *curd-firming time*) y la firmeza del cuajo a los 30 y 60 minutos tras el comienzo de la coagulación (**A30** y **A60**). Las MCPs son buenos indicadores a la hora de evaluar la idoneidad de la leche para la fabricación de queso y predecir el rendimiento y las características tecnológicas del producto final (Pazzola et al., 2014). Además, son destacables entre los fenotipos relacionados con los caracteres de rendimiento quesero, el rendimiento individual del queso en el laboratorio (**ILCY**, del inglés *individual laboratory cheese yield*) y el extracto seco de este rendimiento individual (**ILDCY**, del inglés *individual laboratory dried curd yield*). Ambas medidas proporcionan una medida directa del rendimiento de queso esperado y por tanto, son de gran interés para la industria (Fox et al., 2017; Cellesi et al., 2019). Por último, cabe destacar el papel relevante del potencial de hidrógeno (**pH**) en las propiedades de coagulación de la leche y en la eficiencia el proceso de coagulación (Bencini, 2002; Bittante et al., 2017; Caballero-Villalobos et al., 2018; Pazzola, 2019). El aumento de registros de estos caracteres de interés facilitaría el estudio de su base genética, que dada su importancia y relación con el producto final es de gran interés para la industria quesera.

SELECCIÓN GENÓMICA EN EL GANADO OVINO

Los programas de selección del ganado ovino lechero están basados en la aplicación de modelos mixtos de medidas repetidas (BLUP) donde se incluyen factores fijos ambientales y aleatorios, como el efecto genético aditivo y el efecto permanente. Para realizar una estimación precisa de los valores de cría de los animales, en estos modelos se incluye la matriz de relaciones aditivas calculada a partir del pedigrí. Sin embargo, el escaso uso de la inseminación artificial, por el que están caracterizados los programas de selección del ganado ovino, y su combinación con la monta natural como método para asegurar el éxito reproductivo, da lugar a una reducción en la precisión de los pedigríes (Rupp et al., 2016).

A falta de pedigríes precisos, la incorporación de la información genómica proporcionada por las plataformas de genotipado en los programas de cría del ganado ovino incrementaría la ganancia genética (Shumbusho et al., 2013). La inclusión de la información genómica ha demostrado ser de gran utilidad especialmente para los caracteres complejos (Poland et al., 2012) o los caracteres difíciles de medir (Barillet, 2007), como son los caracteres de rendimiento quesero y las propiedades de coagulación de la leche de oveja. La utilización de la información genómica generada por las plataformas de genotipado tipo SNPs en los programas de cría, implementado por Meuwissen et al., (2001), ha dado lugar al término "selección genómica". Tras la descripción de esta metodología, se han detallado varias aproximaciones para utilizar la información genómica en los programas de cría, aunque la más aplicada en práctica es la metodología **GBLUP** (del inglés *genomic best linear unbiased prediction*) descrita por VanRaden (2008). La metodología GBLUP permite la utilización de la información de los genotipos de miles de marcadores tipo SNP para realizar la estimación de los valores de cría, siendo esta aproximación una variante del BLUP, donde a partir de la información de estos marcadores se calcula la matriz de relaciones genómicas (**GRM**, del inglés *genomic relationship matrix*), en lugar de utilizar la información del pedigrí. Actualmente, la selección genómica ha sido implementada con éxito en los programas de cría de animales (Meuwissen et al., 2016). Otra de las variantes del BLUP se basa en realizar una regresión de los valores de cría frente a cada uno de los marcadores incluidos en el chip de SNPs, y esta variante se conoce como **SNP-BLUP** (del inglés *single nucleotide polymorphism-BLUP*). La principal ventaja de estos modelos es que permiten estimar el valor de cría para aquellos animales en los que todavía no se ha registrado ningún fenotipo de una manera más precisa que la metodología BLUP, reduciendo a su vez el intervalo generacional de los programas de cría. No obstante, estas metodologías no podían hacer uso de la información genómica y del pedigrí de forma simultánea, lo que incrementaba el sesgo en la estimación de los valores de cría de los animales no genotipados incluidos en el pedigrí al calcularse a través de varios pasos. Para resolver este problema y calcular mediante la misma aproximación y de la manera más precisa los valores de cría de los animales genotipados y no genotipados, se diseñó el modelo **ssGBLUP** (del inglés *single-step GBLUP*) (Legarra et al., 2009). La metodología ssGBLUP combina las matrices de relaciones creadas entre los animales genotipados, estimada a través de la información del genotipo (**G**), y no genotipados, a partir de la información del pedigrí (**A**) en una sola GRM (**H**), cuya información se incluye durante la estimación de los valores de cría. El incremento principal en la precisión de los modelos que incluyen la información de los genotipos, se debe a una estimación más precisa de la relación genómica entre grupos de hermanos completos (VanRaden, 2008). Por estas razones, la metodología ssGBLUP se ha convertido en la herramienta por excelencia para la evaluación y selección genómica en los programas actuales de muchas especies ganaderas, ya que incrementa la precisión y reduce los sesgos de la estimación de los valores de cría en comparación con otras metodologías. La aproximación ssGBLUP favorece, además, la reducción de los costes de genotipado, dado que permite la selección de animales candidatos o más representativos de la población, en lugar de requerir el genotipado de la población completa, mientras que optimiza la información del pedigrí, estimando, por tanto, los valores de cría tanto para la población genotipada como para la no genotipada (Lourenco et al., 2015).

ESTRATEGIAS DE OPTIMIZACIÓN DE LAS PLATAFORMAS DE GENOTIPADO

Sin embargo, pese a las ventajas que ofrece la selección genómica en comparación con la selección clásica, su inclusión en los programas de cría del ganado ovino lechero está limitada por los costes económicos asociados al genotipado de los animales con chips de SNPs de media o alta densidad. No obstante, los costes de genotipado pueden reducirse ampliamente si la información de genotipado se obtiene a partir de chips de SNPs de baja densidad (**LowD**, del inglés *low density*), lo que facilitaría la implementación de la información genómica en los programas de selección (Habier et al., 2009). Además, estos chips LowD permiten remplazar el uso de los actuales marcadores microsatélites y los costes asociados a los procedimientos de identificación individual y verificación del parentesco, reduciendo por tanto, los costes asociados a estos procedimientos laboratoriales (Barillet, 2007). Los chips LowD ofrecen la posibilidad de optimizar su información a través del proceso de imputación de genotipos, a partir del cual podemos inferir los genotipos de variantes concretas de chips de mayores densidades (50.000 o 700.000 SNPs), o los genotipos de variantes de interés detectadas mediante la tecnología WGR, previamente descrita, extendiendo de esta manera el potencial de la información genética de los chips LowD sin necesidad de afrontar el coste de genotipado o secuenciación de estas tecnologías (Bolormaa et al., 2015). Por lo tanto, la inclusión de variantes localizadas en regiones genómicas asociadas con los caracteres de interés para el ganado ovino en un chip de SNPs de baja densidad, proporcionaría una solución práctica y rentable, facilitando de manera substancial la implementación de la selección genómica, lo que consecuentemente incrementaría la ganancia genética de los programas de cría del ganado ovino lechero.

CAPÍTULO II. PLANTEAMIENTO Y OBJETIVOS

El planteamiento del presente trabajo científico se ve influenciado por la evolución que han sufrido las herramientas de secuenciación de segunda generación y plataformas de genotipado en los últimos años y su aplicación en el ámbito de la Cría y Mejora Genética Animal. El rápido desarrollo de las técnicas moleculares de genotipado y secuenciación genómica ha derivado en un aumento de su eficacia, asequibilidad e importancia, permitiendo su implementación en los programas de cría. Estas herramientas son especialmente útiles para la mejora de caracteres cuantitativos en los que los datos fenotipos son difíciles de obtener en las prácticas habituales de la industria ganadera, tales como los caracteres de rendimiento quesero y las propiedades de coagulación de la leche en el ganado ovino lechero. Con el propósito de abordar esta problemática, el objetivo principal del presente trabajo de investigación consiste en la utilización de las herramientas genómicas para la identificación de mutaciones que pueden influir sobre los caracteres de rendimiento quesero y las propiedades de coagulación de la leche de oveja, y la ratificación de su utilidad práctica para la industria, justificando, de esta manera, la necesidad de implementación de estas herramientas en los programas de selección del ganado ovino lechero. Este objetivo general se ha abordado mediante los siguientes objetivos específicos:

1. Estudiar y valorar la aplicación de herramientas genómicas (secuenciación de segunda generación, plataformas de genotipado, y metodologías bioinformáticas) a los problemas prácticos de los programas de cría del ganado ovino lechero para:

   - Identificar nuevos polimorfismos en genes candidatos funcionales relacionados con el rendimiento quesero y las propiedades de la coagulación de la leche, mediante el estudio de la variabilidad obtenida a través la secuenciación del genoma completo.

- Aplicar estrategias de imputación para facilitar la transición entre las tecnologías de verificación del parentesco tradicionales, basadas en marcadores microsatélites, a las tecnologías de genotipado de variantes SNPs.

2. Análisis de la base genética de los caracteres de rendimiento quesero y las propiedades de coagulación de la leche de oveja, mediante:

- La evaluación de la utilidad de un chip de SNPs de media densidad (50.000 SNPs) diseñado a partir de SNPs detectados mediante el análisis de datos de secuenciación masiva paralela, para la identificación de regiones genómicas con influencia sobre los caracteres de rendimiento quesero y las propiedades de la coagulación de la leche.

3. Evaluación de las ventajas de la inclusión de la información genómica en los programas actuales de selección de las razas de ganado ovino lechero de raza Assaf y Churra por medio de:

- La identificación de la metodología más adecuada para realizar la estimación de los valores de cría para los caracteres relacionados con el rendimiento quesero, en el ganado ovino lechero.
- La evaluación de la utilidad de un chip de baja densidad, cuyo propósito sea realizar, con el menor coste posible, una estimación precisa del valor de cría para los caracteres de producción de leche y del rendimiento quesero y las propiedades de coagulación de la leche en poblaciones comerciales de las razas Assaf y Churra.

CAPÍTULO III. IDENTIFICACIÓN DE VARIANTES CAUSALES RELACIONADAS CON CARACTERES DE COMPOSICIÓN DE LA LECHE MEDIANTE EL ANÁLISIS DE SECUENCIAS DE GENOMAS COMPLETOS DEL GANADO OVINO

RESUMEN

Los polimorfismos en la secuencia de genes que codifican las proteínas lácteas y los ácidos grasos de la leche están asociados a rasgos de composición de la leche, así como a rasgos de elaboración del queso. Sin embargo, la falta de resultados coincidentes entre poblaciones ovinas ha impedido el uso de esta información en los programas de mejora genética ovina. El objetivo principal de este estudio es explotar la información derivada de un total de 175 datos de resecuenciación del genoma completo (WGR) correspondientes a 43 razas de ovejas domésticas y tres ovejas salvajes para evaluar la diversidad genética de 24 genes candidatos para la composición de la leche e identificar variantes genéticas con un potencial efecto fenotípico. La anotación funcional de las variantes identificadas puso de relieve cinco SNPs que se prevé que tengan un gran impacto en la función de la proteína y 42 SNP sin sentido con supuesto efecto deletéreo. Al comparar las frecuencias alélicas de estos 47 polimorfismos con efectos funcionales relevantes entre los genomas de las razas ovinas Assaf y Churra, se identificaron dos variantes deletéreas sin sentido como marcadores potenciales asociados a las diferencias de composición de la leche encontradas entre la Churra y la Assaf: *XDH:92215727C>T* y *LALBA:137390760T>C*. Estos resultados pueden ser de gran utilidad los programas de selección del ganado ovino lechero en nuestro país.

Palabras clave: oveja lechera; producción de leche; polimorfismo genético; secuencia del genoma completo.

Introducción

La selección de rasgos productivos especializados y la adaptación a una amplia gama de entornos han implicado cambios en el genoma de las razas ovinas modernas. La especialización de las ovejas para la producción de leche comenzó hace entre 4.000 y 5.000 años (Chessa et al., 2009). En los últimos cientos de años, el desarrollo de las diferentes razas ovinas y el uso de la metodología de la genética cuantitativa han dado lugar al establecimiento de razas ovinas lecheras, algunas de las cuales muestran un alto nivel de especialización para la producción de leche (Kijas et al., 2012). Debido al mayor contenido en sólidos totales de la leche de oveja en comparación con la de otras especies lecheras, el principal objetivo de la producción de ovejas lecheras es la fabricación de queso de alta calidad. La leche de oveja es una excelente fuente de proteínas, energía, grasa, minerales y vitaminas (Raynal-Ljutovac et al., 2008; Selvaggi et al., 2014). Los contenidos de proteína y grasa de la leche, así como el contenido total de sólidos, están directamente correlacionados con el rasgo de rendimiento quesero (Othmane et al., 2002; Sánchez-Mayor et al., 2019). Por lo tanto, los programas de selección genética en ovejas lecheras tienen en cuenta no sólo el rendimiento lácteo, sino también los rasgos de composición de la leche.

Desde aproximadamente la década de 1980, varios estudios han tratado de identificar marcadores genéticos que pudieran ser utilizados para mejorar la eficiencia de la selección de estos caracteres a través del uso de genes candidatos, centrándose en el estudio de genes de proteínas de la leche y genes relacionados con el contenido de grasa de la leche. Los estudios iniciales en este campo se centraron en el estudio de polimorfismos en los genes que codifican las caseínas (**Cn**), que representan más del 95% de las proteínas contenidas en la leche de oveja (Singh et al., 2015). La leche de oveja tiene cuatro tipos de caseínas, αs1-Cn, αs2-Cn, β-Cn, and κ-Cn, y sus genes codificantes (*CSN1S1, CSN1S2, CSN2* y *CSN3*, respectivamente) están agrupados en una región del cromosoma ovino (**OAR**) 6 que abarca 250 Kb (Barillet et al., 2005; Noce et al., 2016). Se ha observado que los polimorfismos en las regiones codificantes de los genes de las caseínas están asociados a efectos sobre la producción de leche y los porcentajes de proteína y grasa de la leche (Corral et al., 2010; Giambra et al., 2014). Las variantes genéticas en estos genes también se han relacionado con las propiedades de coagulación de la leche, como el tiempo de coagulación del cuajo y la firmeza de la cuajada (Noce et al., 2016). Para muchos polimorfismos en los genes que codifican las caseínas de oveja lechera, se reportaron asociaciones significativas para los parámetros cuantitativos y cualitativos de la leche (Martin et al., 2002). Otros estudios también se han centrado en las variantes genéticas de los genes que codifican las proteínas del suero de la leche de oveja, α-Lactoalbúmina and β- Lactoalbúmina, que representan el 17-22% del total de proteínas de la leche de oveja (Yousefi et al., 2013). Estas proteínas del suero están codificadas por dos genes localizados en OAR3, el gen *LALBA* y el gen *PAEP*, ambos localizados en regiones asociadas con rasgos de rendimiento lechero en ovejas lecheras (García-Gámez et al., 2013; Padilla et al., 2018). Por otro lado, otros factores importantes que influyen en las propiedades de fabricación y en la calidad organoléptica de los productos lácteos son el contenido en grasa de la leche y el patrón de composición de ácidos grasos de la leche. El contenido en grasa es un componente muy variable de la leche, dependiendo de la raza, el genotipo y la dieta (Moioli et al., 2007). Por lo tanto, los investigadores también se han enfocado en identificar polimorfismos en genes que podrían influir en la composición grasa de la leche de oveja, como *ACACA*, *CSN1S1*, *CSN2*, *FASN* y *LALBA* (Moioli et al., 1998; Crisà et al., 2010; Garcia-Gámez et al., 2013; Giambra et al., 2014).

El proyecto "Sheep Hapmap" fue un primer intento de descifrar la variabilidad genética del genoma ovino en una amplia muestra de razas ovinas de todo el mundo mediante el genotipado de un chip de SNPs de densidad media (50K-chip) (Kijas et al., 2012). Este estudio no reveló ninguna señal de selección significativa en las regiones genómicas que albergan los genes candidatos mencionados. Como extensión del proyecto, se secuenció el genoma completo (**WGR**) de un total de 75 ovejas de 43 grupos de razas y dos especies salvajes de todo el mundo.

Teniendo en cuenta la disponibilidad de estos conjuntos de datos WGR, el objetivo de este estudio se ha centrado en evaluar la diversidad genética de los genes candidatos para los rasgos de producción/composición de la leche en un gran número de razas. Considerando el número limitado de conjuntos de datos WGR disponibles correspondientes a razas lecheras especializadas en los repositorios, nuestro grupo de investigación añadió muestras de dos razas lecheras con diferente nivel de especialización; Churra Española (n = 46) y Assaf Española (n = 19). Estas dos razas difieren significativamente en su nivel de especialización lechera, ya que la producción de leche Assaf (400 kg; lactancia normalizada a 150 días) es más del doble de la producción de leche en Churra (117 kg; lactancia normalizada a 120 días), mientras que la leche Churra tiene altos contenidos de grasa y proteína y también mayores rendimientos de queso que la leche Assaf (Suárez-Vega et al., 2016). El presente análisis se centró en un total de 175 conjuntos de datos WGR de una muestra mundial de razas ovinas permitiéndonos evaluar la diversidad genética para una lista de 24 genes candidatos de composición de la leche e identificar posibles variantes funcionales que podrían explicar a la variación fenotípica de rasgos de interés económico en ovejas lecheras.

Material y métodos

Datos de secuenciación genómica completa

Este estudio incluyó el análisis de 151 conjuntos de datos WGR de 43 razas ovinas domésticas y 24 conjuntos de datos WGR de tres ovejas salvajes (*O. canadiensis, O. dalli y O. orientalis*). El origen geográfico de las razas incluidas en este estudio se representa en la Figura 1. Las razas de las muestras domésticas procedían de Asia (7), África (4), América (4), Australia (2), Gran Bretaña (5), Europa central (3), Europa septentrional (3), Europa sudoccidental (7) y Asia sudoccidental (9). Por otro lado, las especies de ovejas salvajes pertenecen a América (2) y al suroeste de Asia (1).

Nuestro grupo de investigación generó un total de 71 muestras de WGR para cuatro razas domésticas españolas [Assaf española (n = 19), Churra (n = 46), Segureña (n = 2), y Merina española (n = 4). Todos los conjuntos de datos WGR generados por nuestro grupo se produjeron utilizando la tecnología Illumina "paired-end" (secuenciadores Illumina HiSeq 2000 y Hiseq 2500). Dentro de este grupo de razas españolas, la oveja Assaf es la que muestra una mayor especialización para la producción de leche (De la Fuente et al., 2006), mientras que la Churra es una raza autóctona de doble aptitud explotada clásicamente para la producción de leche y carne de cordero lechal (de la Fuente et al., 1996). Aunque la raza Assaf tiene claramente un mayor rendimiento lechero, las ovejas Churra tienen un mayor contenido en proteína (5,98%) y grasa (7,12%) en la leche que las ovejas Assaf (4,03 y 5,39%, respectivamente) (Othmane et al., 2002; Ángeles Pérez-Cabal et al., 2013). Esto explica que la leche de oveja Churra presente un mayor rendimiento quesero y una mejor aptitud para la elaboración de quesos maduros que la leche de oveja Assaf (Revilla et al., 2009; Lurueña-Martínez et al., 2010). Un estudio reciente de nuestro grupo de investigación ha informado que la leche Assaf muestra una coagulación lenta durante el proceso de elaboración del queso (Sánchez-Mayor et al., 2019), mientras que la leche Churra parece tener mejores propiedades de coagulación y un mayor rendimiento quesero (Othmane et al., 2002).

Figura 1. Mapa de localización de razas. Los nombres de las razas y especies y sus abreviaturas estand documentados por Kijas et al., (2012).

Genes candidatos

Los genes considerados en el análisis comprenden: i) los genes de las proteínas de la leche, incluidos los genes de la caseína (*CSN1S1, CSN1S2, CSN2* y *CSN3*, respectivamente), y las proteínas del suero de la leche (genes *LALBA* y *PAEP*). ii) Un grupo de otros 18 genes candidatos relacionados con el metabolismo de los ácidos grasos de la leche en la glándula mamaria (Bionaz y Loor, 2008; Suárez-Vega et al., 2016). Los candidatos seleccionados para la composición de la grasa láctea pueden agruparse siguiendo los siguientes procesos del metabolismo lipídico síntesis y desaturación de ácidos grasos (*ACACA, FASN* y *SCD*), formación de gotas lipídicas (*BTN1A1, XDH*), activación de ácidos grasos y transporte intracelular (*ACSL1*, ACSS2, *DBI* y *FABP3*), síntesis de triacilglicerol acetato (*GPAM, DGAT1* y *LPIN1*), importación de ácidos grasos a las células (*CEL, LPL* y *VLDLR*), y otros genes relacionados con el metabolismo lipídico como *FABP4, PLIN2* y *SLC27A6* (Bionaz y Loor, 2008; Suárez-Vega et al., 2016). Las coordenadas genómicas correspondientes a los genes candidatos seleccionados según el genoma de referencia ovino Oar_v.3.1 se extrajeron con la herramienta BioMart de Ensembl (Sheep Genome Assembly v3.1, 2012).

Análisis bioinformáticos

Las muestras obtenidas del repositorio público SRA se convirtieron del formato SRA al formato FASTQ con el software SRA-Toolkit (disponible en http://www.ncbi.nlm.nih.gov/Traces/sra/). Tras esta transformación, todos los conjuntos de datos WGR se analizaron mediante el mismo proceso, que incluía los siguientes pasos: (1) se evaluó la calidad de las lecturas con el programa FastQC (Andrews et al., 2015); (2) se filtraron las lecturas de buena calidad con Trimmomatic (Bolger et al., 2014), utilizando parámetros de filtrado específicos para muestras paired-end (-phred33, LEADING:5, TRAILING:5 SLIDINGWINDOW:4:20, MINLEN:36 ILLUMINACLIP: Trimmomatic-0.33/ adapters/TruSeq 3-PE.fa:2:30:10); (3) las muestras se alinearon frente al genoma de referencia ovino v.3.1 (**Oar_v3.1**) (Sheep Genome Assembly v3.1, 2012) con el programa Burrows-Wheeler Aligner (**BWA**) (Li y Durbin, 2009) utilizando el algoritmo de coincidencias exactas máximas; (4) La manipulación de datos y los análisis estadísticos se realizaron con tres programas: SAMtools (Li et al., 2009) se utilizó para eliminar lecturas no mapeadas y emparejadas incorrectamente y obtener estadísticas de alineación, Picard (Wysoker et al., 2019) se utilizó para clasificar lecturas, marcar lecturas duplicadas, y Genome Analysis Toolkit v4.0 (**GATK**) (McKenna et al., 2010) se utilizó para realizar una recalibración de la puntuación de calidad de las bases; (5) la identificación de variantes genéticas se llevó a cabo, considerando los 175 conjuntos de datos WGR en conjunto, con GATK v4.0 (McKenna et al., 2010), utilizando la herramienta "haplotypecaller"; (6) el filtrado de las variantes identificadas se realizó con el programa snpSIFT (Cingolani et al., 2012) para eliminar las variantes de baja calidad (DP > 10 & QUAL > 30 & MQ > 30 & QD > 5 & FS < 60); (7) BCFtools (Li et al., 2009) se usó para añadir el código identificador de cada variante conocida, utilizando como referencia la base de datos Ensembl (Sheep Genome Assembly v3.1, 2012); (8) las variantes localizadas en genes candidatos se extrajeron con el programa SnpEff (Cingolani et al., 2012).

Anotación funcional y estudio de frecuencia alélica de las variantes en genes candidatos

Para las variantes identificadas en los genes candidatos de la composición de la leche, su anotación y la predicción de su efecto se llevaron a cabo mediante el uso de dos paquetes de software: (i) SnpEff (Cingolani et al., 2012) para predecir el impacto del polimorfismo en la proteína codificada y (ii) Variant Effect Predictor (**VEP**) para predecir el efecto de los cambios de aminoácidos a través de la herramienta SIFT (McLaren et al., 2010). Para resaltar aquellas variantes de los genes candidatos con un potencial impacto funcional en la función de la proteína, seleccionamos aquellas variantes que fueron clasificadas en términos de sus consecuencias funcionales como ALTA y MODERADA por los dos diferentes programas de software. Debido al gran número de variantes clasificadas como MODERADAS, seleccionamos aquellas predichas como deletéreas mediante el programa VEP (McLaren et al., 2010). SIFT es un algoritmo que predice si una sustitución de aminoácidos tendrá un efecto deletéreo en la función de la proteína (Kumar et al., 2009). Para estas variantes funcionales relevantes, aplicamos posteriormente un análisis de frecuencia de sitios para identificar nucleótidos con frecuencia alélica divergente entre las dos razas lecheras españolas incluidas en los conjuntos de datos WGR aquí analizados, Churra Española (CHU) y Assaf Española (ASS).

Resultados

Variabilidad genética

Los conjuntos de datos WGR analizados mostraban longitudes de lectura que oscilaban entre 30 y 151 pares de bases (**pb**) y un número medio de lecturas brutas por muestra de 175.176.421,77. Tras el control de calidad de las lecturas en bruto, se eliminó una media del 16,06% de las lecturas. El número de lecturas alineadas con el genoma de referencia varió entre 55.823.646 y 492.895.080, con una media de lecturas mapeadas con precisión por muestra de 290.256.652,18 y una cobertura media del ensamblaje del 94,79%. El número medio de lecturas duplicadas por muestra fue de 19.206.080,17, con un rango de 1.765.412 a 46.089.858 lecturas duplicadas entre las muestras analizadas.

Los análisis de todo el genoma revelaron, tras filtros de calidad, un total de 81.053.638 variantes en todo el genoma, el 59,98% de las cuales habían sido descritas previamente en la base de datos proporcionada por Ensembl (dbSNP release 91). Una vez filtradas las regiones correspondientes a los 24 genes candidatos funcionales aquí considerados, el número total de variantes que había que seguir evaluando era de 20.100, la mayoría de las cuales eran SNP (17.037 y 16.960, para SnpEff y VEP, respectivamente), con un número menor de inserciones (1.489 y 1.245, para SnpEff y VEP, respectivamente) y deleciones (1.574 y 1.396, SnpEff y VEP, respectivamente) (detalles en la Tabla 1). Estas diferencias de recuento entre estos dos paquetes de software se deben a la distinta forma en que consideran los polimorfismos multialélicos, ya que el programa SnpEff considera cada polimorfismo como una variante y el software VEP contempla cada posición contenida en un polimorfismo como una variante (Sheep Genome Assembly v3.1, 2012; Andrews et al., 2015).

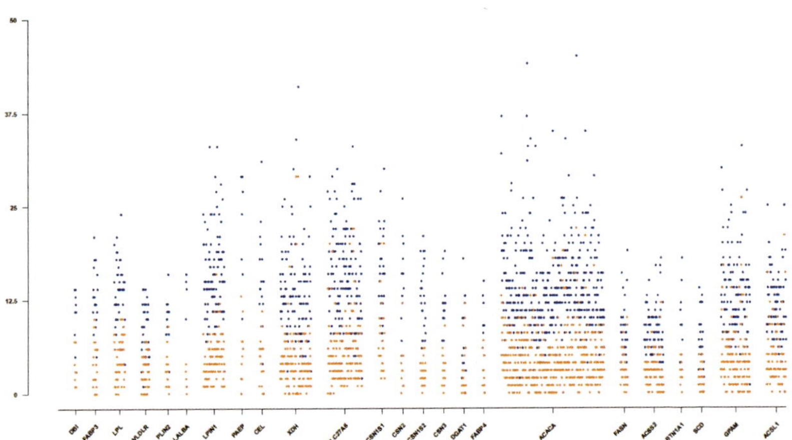

Figura 2. Densidad de variantes totales y nuevas identificadas en regiones de genes candidatos. Las variantes totales y nuevas descubiertas en este estudio se representan en azul y naranja, respectivamente.

Dentro de las regiones de genes candidatos, la tasa de variantes por pb osciló entre 26,44, para el gen *PAEP*, y 73,25, para el gen *SCD*, con una proporción media de una variante por cada 54 pb; inferior a la variabilidad media de una variante por 32 pb estimada en todo el genoma. El diagrama de manhattan de la Figura 2 representa el número de variantes totales y nuevas identificadas por 500 pb dentro de las regiones de genes candidatos consideradas. Como puede observarse, el número total de variantes por gen fue proporcional a la longitud de los genes candidatos, siendo el gen *ACACA* (con una longitud de 228.430 pb) el que incluyó el mayor número de variantes. Además, se observó que varias inserciones y deleciones identificadas en algunos de los genes candidatos (concretamente en los genes *ACACA*, *DGAT1*, *FASN* y *PAEP*) eran coincidentes entre sí. Dado que esta observación podría indicar que las secuencias de los genes portadores no están bien caracterizadas y anotadas en el genoma de referencia Oar_3.1, sólo se consideraron las variantes SNP durante la identificación de polimorfismos funcionalmente relevantes en los genes candidatos. Las nuevas variantes identificadas en los genes candidatos estudiados, un total de 4.925 de 16.960 SNP han sido publicadas a través del Archivo Europeo de Variaciones (**EVA**) (https://www.ebi.ac.uk/eva/).

Tabla 1. Resumen estadístico de los análisis de anotación realizados con los programas SnpEff y VEP para las variantes genéticas identificadas dentro de las regiones de genes candidatos estudiadas mediante el análisis de los conjuntos de datos WGR aquí analizados.

Tipos de variantes según distintos criterios de clasificación	Número de variantes dentro de las regiones del gen candidato	
	SnpEff	VEP
Variants processed	20,100	20,100
SNPs	17,037	16,960
Inserciones	1,489	1,245
Delecciones	1,574	1,396
Indel		422
Sustituciones		77
Efectos clasificados por impacto		
Alto	5	5
Moderado	203	203
Bajo	430	430
Modificador	16,378	16,378
Efectos clasificados por clase funcional		
Fallo en el sentido (Missense)	228	
Sin sentido (Nonsense)	1	
Silenciosas	424	
SIFT summary (Only for SNPs)		
Deleterious low confidence		11
Tolerated low confidence		19
Deleterious		42
Tolerated		150

Identificación funcional de variantes relevantes en genes candidatos

La anotación funcional llevada a cabo tanto con SnpEff como con VEP, para los 16.960 SNPs identificados en los genes candidatos considerados mediante el análisis de llamada de variantes aplicado a los 175 conjuntos de datos WGR, identifica cinco variantes SNP que determinan una consecuencia de alto impacto funcional en la proteína. Además, se predijo que 203 variantes SNP causaban una consecuencia de impacto funcional MODERADA y, 42 de las cuales eran variantes predichas como deletéreas por el algoritmo SIFT implementado en el análisis VEP (Kumar et al., 2009) (Tabla 1). Teniendo en cuenta esta clasificación, un total de 47 consecuencias funcionales, incluyendo las de alto impacto (5) y las variantes deletéreas *missense* (42), fueron consideradas como variantes funcionales relevantes, o variantes que probablemente tengan un efecto directo sobre los rasgos de producción y composición de la leche. Veinte de estas variantes funcionales relevantes son nuevas, ya que no tienen un número "rs" en la base de datos dbSNP (https://www.ncbi.nlm.nih.gov/snp/). Una de las variantes se clasificó como "stop gained" (stop ganado) en el gen *ACACA*, ya que se predijo que causaba una aparición temprana de un codón stop en la región codificante que interrumpe la elongación de la proteína correspondiente.

Las 47 variantes funcionales relevantes mencionadas se seleccionaron para explorar más a fondo las diferencias de frecuencia alélica. A partir de estas estimaciones, observamos que un total de las 11 variantes funcionales relevantes sólo se identificaron en las razas domésticas. Comparando las frecuencias entre domésticas y *O. orientalis*, sólo hubo un polimorfismo que mostrara una diferencia en la frecuencia alélica superior a 0,3 (ACACA:13029588A>T; rs589600115), clasificado de nuevo como stop ganado.

Al comparar las frecuencias alélicas de las variantes funcionales relevantes entre las dos razas lecheras consideradas, Assaf y Churra, identificamos dos variantes deletéreas "missense" con diferencias de frecuencia alélica superiores a 0,3 localizadas en los genes *XDH* y *LALBA*. En la Tabla 2 se presenta una caracterización completa de estos SNPs, como potenciales marcadores genéticos relacionados con las diferencias fenotípicas en los rasgos de composición de la leche entre las dos razas consideradas. Por un lado, el alelo alternativo de la mutación deletérea missense *LALBA:137390760T>C* estaba cerca de la fijación (0,92), mientras que en la raza Assaf este alelo mostraba una frecuencia alélica baja-moderada (0,26). Por otra parte, la raza Assaf mostró una frecuencia notablemente superior (0,42) para el alelo alternativo de la mutación deletérea missense *XDH:92215727C>T* que la raza ovina Churra (0,03), en la que el alelo de referencia estaba muy próximo a la fijación.

Tabla 2. Caracterización de las dos variantes funcionalmente relevantes identificadas en los genes candidatos que mostraron la divergencia en la frecuencia alélica entre las razas Churra y Assaf.

Características	XDH:92215727C>T	LALBA:137390760T>C
Cromosoma	3	3
Posición	92,215,727	137,390,760
ID	rs429850918	rs403176291
Alelo de referencia	C	T
Alelo de alternativo	T	C
Símbolo	*XDH*	*LALBA*
Variante	missense	missense
BioType	proteína codificante	proteína codificante
Impacto funcional (VEP)	*MODERATE*	*MODERATE*
Impacto funcional (SIFT)	deletérea (0)	deletérea (0.02)
Cambio de codón	Cgg/Tgg	gTg/gCg
Cambio de aminoácido	Arg/Trp	Val/Ala
Frecuencia en Assaf	C (0.58), T (0.42)	T (0.92), C (0.08)
Frecuencia en Churra	C (0.97), T (0.03)	T (0.26), C (0.74)

Discusión

Este estudio ha explotado la gran cantidad de información proporcionada por los conjuntos de datos WGR de una muestra mundial de razas ovinas para presentar una evaluación en profundidad de la variabilidad genética de una lista de genes que, debido a su función biológica conocida, se consideran candidatos para explicar las diferencias fenotípicas de los rasgos de composición de la leche en ovejas lecheras. Una cuestión importante sobre los análisis de llamada de variantes que aquí se presentan es que todos los conjuntos de datos WGR, los obtenidos del repositorio público SRA y los generados por nuestro grupo de investigación, se procesaron siguiendo el mismo flujo de trabajo de análisis bioinformático. Este procedimiento se ha utilizado en estudios previos que analizan conjuntos de datos WGR (Gutiérrez-Gil et al., 2017; Naval-Sánchez et al., 2018; Luigi-Sierra et al., 2020), y se ha demostrado que evita resultados sesgados en relación con el proceso de detección de llamadas de variantes.

El proceso de llamada de variantes implementado aquí para 175 conjuntos de datos WGR de 43 razas ovinas y tres ovejas salvajes ha permitido la identificación de un total de 47 variantes funcionales relevantes localizadas en los genes candidatos seleccionados en relación con los rasgos de composición de la leche en ovejas. Entre estas variantes, 20 eran nuevas. Esto pone de relieve el valor del análisis aquí presentado para un gran número de conjuntos de datos WGR procedentes de una representación mundial diversa de razas ovinas. Además de explotar información disponible públicamente, los resultados de este análisis se basan en el análisis de secuenciación generado por nuestro grupo de investigación para cuatro razas ovinas españolas. Este hecho es especialmente relevante si el objetivo es analizar genes con influencia en caracteres lecheros, ya que las bases de datos públicas disponen de un número limitado de estos individuos. Hoy en día, cuando la selección genómica es posible en algunas poblaciones ganaderas, el valor de los estudios de identificación de variantes genéticas en genes candidatos releva el potencial de identificar mutaciones que podrían causar diferencias fenotípicas. Se trata de un paso importante y esencial a la hora de diseñar nuevas matrices de SNP que puedan utilizarse eficazmente para mejorar las poblaciones comerciales mediante la selección genómica. Diferentes estudios han demostrado que la inclusión de mutaciones causales en los paneles de SNP utilizados para la selección genómica podrían aumentar sustancialmente la eficiencia de los programas de selección.

Variantes en genes relacionados con el contenido de proteínas de la leche

Dentro de la región codificante de los seis genes candidatos que codifican las proteínas de la leche (*CSN1S1, CSN1S2, CSN2, CSN3, PAEP y LALBA*), se han identificado un total de 13 variantes SNP funcionales relevantes. De estas se dedujo que una tenía un alto impacto y 12 sustituciones de aminoácidos se clasificaron como deletéreas. La variante de alto impacto se encontró en el gen *CSN1S2* y causaba un impacto disruptivo en la proteína que podría afectar a la expresión génica de este gen o causar un evento de retención de intrón y, en consecuencia, definir una nueva isoforma. Una de las variantes deletéreas sin sentido mencionadas también se identificó en el exón 9 del gen *CSN1S2* (rs430397133). Entre el resto de las variantes deletéreas missense detectadas en los genes que codifican las proteínas de la caseína, dos se localizaron en el gen *CSN1S1*, una en *CSN2* y tres en el gen *CSN3*. De las variantes localizadas en los genes de las proteínas del suero, se identificaron un total de tres variantes deletéreas en la región codificada del gen *LALBA*. Por el contrario, identificamos una variante SNP multialélica (rs600923112) responsable de las dos consecuencias deletéreas missense para el gen *PAEP*. Curiosamente, mientras que la primera de estas consecuencias, relacionada con la sustitución *PAEP:3570969T>A* está presente de manera uniforme en las diferentes razas domésticas analizadas, el polimorfismo alternativo *PAEP:3570969T>C* sólo se encontró, entre las razas domésticas, con una frecuencia muy baja en Churra y Assaf (0,03 y 0,09, respectivamente). Por lo que debería estudiarse una posible asociación de esta variante funcionalmente relevante con la especialización lechera de estas dos razas.

Los polimorfismos en estos seis genes candidatos han sido considerados clásicamente como herramientas potenciales para la selección de rumiantes lecheros. Por un lado, las caseínas constituyen el 76-83% de la proteína total de la leche de oveja (Barillet et al., 2005; Juárez y Ramos, 2007). Estudios previos habían asociado las variantes en la cadena codificada de los genes *CSN1S1* y *CSN1S2* con el rendimiento lácteo, proteico y graso y el contenido en caseína de la leche en ovejas (Barillet et al., 2005; Giambra et al., 2014). También se relacionaron con diferentes tiempos de cuajado y propiedades eficientes de cuajo en cabra (Pazzola et al., 2014). En particular, en la vaca, los genes *CSN2* y *CSN3* se asociaron significativamente con los rasgos de elaboración del queso (Chessa et al., 2009; Cecchinato et al., 2015). En las ovejas, *CSN2* es el gen que muestra el mayor nivel de expresión durante la lactancia según el análisis transcriptómico de las células somáticas de la leche reportado por Suárez-Vega et al., (2015). Las variantes en el gen *CSN3*, responsable de estabilizar las micelas de caseína de la leche, se han asociado con el contenido de proteína y los parámetros de cuajo en la oveja "East Friesian Dairy" y la cabra de raza Sarda, respectivamente (Giambra et al., 2014; Pazzola et al., 2014).

Por otro lado, los dos genes que codifican para las principales proteínas del suero, α-Lactoalbúmina (codificada por *LALBA*) y β-Lactoglobulina (*PAEP*), ambos están localizados en OAR3 (Hayes y Petit, 1993). García-Gamez et al., (2012), identificaron un nucleótido asociado a un rasgo cuantitativo (**QTN**) en el gen *LALBA* que influye en los porcentajes de proteína y grasa de la leche en ovejas Churra españolas. Notablemente, esta variante sin sentido (rs403176291) fue identificada aquí como una variante funcional relevante, lo que apoya el valor y la eficiencia del proceso de filtrado funcional aplicado en el presente estudio para identificar variantes genéticas con potencial influencia biológica en rasgos complejos. Este filtrado puede ayudar a comprender mejor la arquitectura genética de los rasgos estudiados, ayudando a simplificar e interpretar la enorme cantidad de información generada a través de los análisis estándar de llamada de variantes de los conjuntos de datos WGR. Este polimorfismo se encontró en varias muestras de ovejas domésticas. El estudio de García-Gámez et al., (2012a) muestra la asociación directa del alelo *LALBA:137390760C* con el aumento de los contenidos de proteína y porcentaje de grasa de la leche. Su alta frecuencia en la raza Churra frente a la Assaf concuerda con los mayores contenidos en proteína y grasa de la leche de la oveja Churra (Othmane et al., 2002; Ángeles Pérez-Cabal et al., 2013). Esto también puede estar relacionado con la mejor aptitud para quesos maduros de la oveja Churra en comparación con la raza Assaf (Revilla et al., 2009; Lurueña-Martínez et al., 2010). La presencia de este polimorfismo en la raza Assaf, aunque a baja frecuencia (0,08), podría considerarse, como marcador genético directo o mediante un esquema de selección genómica, para mejorar la composición de la leche y los caracteres queseros en esta raza. También debería estudiarse la posibilidad de utilizar este marcador en otras razas lecheras. La proteína β-Lactoglobulina es la principal proteína del suero de la leche de rumiantes y es polimórfica en muchas razas ovinas (Ramos et al., 2009). Estudios previos han descrito asociaciones significativas entre las variantes encontradas en el gen *PAEP* y el porcentaje de proteína, el porcentaje de grasa, el tiempo de coagulación y el tiempo de cuajado (Moioli et al., 2007; Ramos et al., 2009; Selvaggi et al., 2015). La identificación del alelo *PAEP:3570969C* sólo en las razas muflón asiático, Churra y Assaf puede sugerir, pero también en el muflón sugiere que esta mutación tiene un origen anterior a la domesticación. Sería necesario un estudio con un mayor número de razas lecheras para comprobar si este mantenimiento se debe a razones de adaptación

De las 13 variantes funcionales relevantes identificadas en los genes que codifican para las proteínas de la leche, cuatro no habían sido descritas previamente. La posible influencia de estas variantes en la composición de la leche de oveja, el rendimiento quesero y las características organolépticas debería analizarse en futuros estudios. La frecuencia de estas variantes en cada raza podría ser útil para seleccionar variantes funcionales que se incluirían en el diseño de chip de SNPs con el objetivo de aumentar la eficacia de la selección genómica cuando se apliquen a programas de cría de ganado lechero (por ejemplo, *PAEP:c.500T>C*, que sólo se encuentra en las razas domésticas Assaf y Churra). Además, un total de 26 QTLs relacionados con rasgos de composición/funcionales de la leche (caseína, grasa, lactosa y porcentaje de proteína) y propiedades de coagulación (firmeza de la cuajada, tiempo de cuajado y tiempo de coagulación del cuajo), han sido identificados en una región de 250 Kb de estos genes candidatos tanto en ovejas Churra como Sarda (García-Gámez et al., 2012; Noce et al., 2016).

Variantes en genes involucrados en el metabolismo de ácidos grasos

Dentro de los 18 genes candidatos seleccionados en nuestro estudio sobre el metabolismo de las grasas en la glándula mamaria ovina, se encontraron un total de 34 variantes funcionales relevantes, 16 de las cuales eran variantes nuevas no incluidas en la base de datos dbSNP. Entre los polimorfismos dentro de estos genes, clasificamos cuatro como de alto impacto y 30 como sustituciones missense deletéreas.

Entre los genes relacionados con los procesos de síntesis y desaturación de ácidos grasos (*ACACA, FASN* y *SCD*), la región codificante del gen *ACACA* incluía un total de cuatro variantes deletéreas y una variante de alto impacto (que provocaba la aparición de un codón de parada). Además, se encontraron cuatro variantes deletéreas en el gen *FASN*. En relación con los genes relacionados con la formación de gotas lipídicas, se encontraron 12 variantes deletéreas en el gen *XDH* y una en el gen *BTN1A1*. También cabe señalar que no se identificaron variantes funcionales relevantes en los genes relacionados con la activación de los ácidos grasos y el transporte intracelular.

En cuanto a los genes asociados a la síntesis de triacilglicerol acetato (*DGAT1, GPAM* y *LPIN1*), se identificó una variante SNP sin sentido clasificada como deletérea en el gen *DGTA1*. Además, se clasificó una variante SNP como de alto impacto en la región del gen *GPAM*, que se encontraba en la región de la segunda base en el extremo 3' del intrón, causando un efecto disruptivo. Por último, se encontraron un total de tres variantes deletéreas y dos de alto impacto en el gen *LPIN1*. Estas variantes de alto impacto estaban localizadas en la región de 2 pb en el extremo 3' de un intrón, lo que podría afectar a la expresión de este gen afectando la función de la proteína (McLaren et al., 2010), como hemos destacado anteriormente. Además, el SNP localizado en el gen *LPIN1* (*LPIN1:20554676G>A*), sólo se identificó en los genomas de la raza Churra. La especificidad racial de esta variante y el alto contenido en grasa de la leche (Othmane et al., 2002; Ángeles Pérez-Cabal et al., 2013) y buena aptitud de la leche Churra para la producción de quesos maduros (Revilla et al., 2009; Lurueña-Martínez et al., 2010), sugiere que futuras investigaciones se centren en la evaluación de la potencial influencia de la variante *LPIN1:20554676G>A* sobre los rasgos de composición de la leche.

El metabolismo lipídico de la glándula mamaria implica a un gran número de genes (Bionaz y Loor, 2008). En este estudio, identificamos un total de 16 nuevas variantes funcionales en la región codificante de cinco de los 18 genes candidatos seleccionados sobre el metabolismo de los ácidos grasos de la leche. Dentro de los genes relacionados con la síntesis y desaturación de ácidos grasos (*ACACA*, *FASN* y *SCD*), los genes *ACACA* y *FASN* son responsables de la elongación de la cadena de ácidos grasos y ambos están relacionados con la síntesis de ácidos grasos en la glándula mamaria (Moioli et al., 2007; Bionaz y Loor, 2008). La elevada expresión del gen *FASN* y la moderada expresión del gen *ACACA* descritas en la glándula mamaria durante la lactación (Suárez-Vega et al., 2016) sugieren un papel esencial de estos genes en relación con la síntesis de ácidos grasos de la leche. Se identificaron nueve posibles mutaciones funcionales relevantes en los genes *ACACA* y *FASN*. Dos de estas variantes eran nuevas mutaciones missense en el gen *FASN*, mientras que una mutación de alto impacto identificada en el gen *ACACA* representaba la única mutación stop ganada incluida en nuestra lista de posibles mutaciones funcionales relevantes. Estos resultados contrastan con estudios previos que habían informado de un alto nivel de diversidad del gen *ACACA* en ovejas, pero no habían identificado ninguna mutación no sinónima (García-Fernández et al., 2010; Moioli et al., 2013), los SNPs localizados en regiones promotoras de este gen se han asociado al contenido en grasa de la leche (Moioli et al., 2013). Este hallazgo ilustra el valor de la información generada en este trabajo a través del análisis de un gran conjunto de muestras WGR de una amplia gama de razas ovinas de todo el mundo.

Entre los genes relacionados con el metabolismo de los ácidos grasos analizados por Suárez-Vega et al., (2016), los genes *BTN1A1* y *XDH*, que codifican para la butirofilina y la xantina deshidrogenasa, respectivamente, mostraron los niveles de expresión más altos durante la lactación. Esto pone de relieve la importancia de la formación de gotas lipídicas en el proceso global del metabolismo lipídico de la leche en las ovejas. La alta expresión del gen *BTN1A1* durante la lactancia también se ha descrito en vacas lecheras (Bionaz y Loor, 2008), lo que concuerda con el papel crucial en la secreción de grasa láctea sugerido previamente para este gen por Robenek et al., (2006). Por lo tanto, las 13 variantes funcionales relevantes encontradas en los genes *XDH* y *BTN1A1* podrían afectar a la función de ambas proteínas y, como consecuencia, al proceso de formación de gotas lipídicas (Suárez-Vega et al., 2017). Una de las variantes deletéreas missense de *XDH* identificada aquí como posible variante funcional relevante (*XDH:92215727C>T*; rs429850918) mostró un cierto nivel de divergencia para la frecuencia del alelo de referencia entre las razas lecheras Assaf y Churra. Mientras que el *XDH:92215727C* es segregante en la raza Assaf, este alelo está casi fijado en la raza Churra (Tabla 2). Debe investigarse más a fondo si esta mutación puede explicar el mayor contenido de grasa láctea de las ovejas Churra en comparación con las Assaf.

En los tres de los genes candidatos relacionados con la síntesis de triacil-glicerol acetato (Bionaz y Loor, 2008), que codifican la Diacilglicerol transferasa (codificada por el gen *DGAT1*), la Glicerol-3-fosfato aciltransferasa mitocondrial (gen *GPAM*) y la Lipina 1 (gen *LPIN1*), se identificaron siete variantes funcionales relevantes. Una de las nuevas variantes identificadas en el gen *LPIN1* (*LPIN1_20554676G>A*) sólo estaba presente en la raza Assaf, que es una raza ovina altamente especializada en la producción de leche. Se ha informado de que este gen desempeña un papel en la regulación transcripcional de otros genes implicados en la síntesis de lípidos de la leche (Bionaz y Loor, 2008). Por otro tamaño, el gen *GPAM* fue el más altamente expresado de este grupo en la glándula mamaria ovina durante la lactancia (Suárez-Vega et al., 2016) mientras que el gen *DGAT1* ovino se ha asociado con un barrido selectivo causado por el proceso de domesticación y selección (Naval-Sánchez et al., 2018). La síntesis de ácidos grasos tiene una influencia importante en la producción láctea porque afecta a la composición de ácidos grasos de la leche de oveja (García-Fernández et al., 2010). Por lo tanto, las variantes funcionales relevantes, identificadas en estos genes por el presente estudio, son de interés porque podrían influir en la composición de la leche y en la capacidad quesera. Desde nuestro punto de vista, la mutación *XDH:92215727C>T* es una de las potenciales variantes funcionalmente relevantes más prometedoras destacadas por nuestro estudio, debido a la posible relación entre la divergencia observada para la frecuencia alélica de esta variante entre las razas Assaf y Churra y las diferencias conocidas en los contenidos de grasa láctea de estas dos razas (Suárez-Vega et al., 2016).

En cuanto a los genes relacionados con el proceso de importación de ácidos grasos a las células (*CEL*, *LPL* y *VLDLR*), se halló una variante deletérea sin sentido en cada uno de los genes *LDL* y *VLDLR*, y dos SNP clasificados como variantes deletéreas sin sentido en el gen *PLIN2*. Además, se identificó una variante clasificada como deletérea en la región del gen *SLC27A6*. La lipoproteína lipasa (codificada por el gen *LPL*) y el receptor de lipoproteínas de muy baja densidad (gen *VLDLR*) se han asociado previamente con la función de importación de ácidos grasos a las células, ya que el *VLDLR* es un componente esencial de la actividad de *LPL* (Tacken et al., 2001; Bionaz y Loor, 2008). Las variantes deletéreas descritas en estos genes, que producen sustituciones de aminoácidos sin sentido, podrían influir en la funcionalidad de las proteínas codificadas por los genes *LDL* y *VLDLR*. En cuanto a los otros genes relacionados con el metabolismo lipídico, la Perilipina-2 (*PLIN2*) es una proteína que se ha relacionado con el empaquetamiento de triglicéridos para la secreción de lípidos lácteos en la glándula mamaria (Russell et al., 2008), y se ha encontrado que el gen *SLC27A6* se regula al alza durante la lactancia en vacas lecheras (Bionaz y Loor, 2008), pero se encontró que tiene una baja expresión en la glándula mamaria de oveja durante la lactancia (Suárez-Vega et al., 2016). Además, al buscar la correspondencia de QTL previamente reportados en ovejas para rasgos de producción de leche con los genes candidatos de grasa láctea considerados aquí (considerando un intervalo de 250 Kb centrado en la región de codificación del gen correspondiente), encontramos un total de siete QTL previamente reportados dentro de las regiones genómicas de los genes *ACACA* y *DGTA1* en las razas ovinas Altamurana, Gentile di Puglia y Sarda (Scatà et al., 2009; Moioli et al., 2013).

Debido a la importancia de los genes candidatos seleccionados para la producción y composición de la leche, las variantes descritas podrían explicar una parte de las diferencias de composición y calidad de la leche entre las razas ovinas incluidas en el estudio. Las variantes de genes candidatos, detalladas en este estudio, podrían afectar a la expresión y la funcionalidad de las proteínas codificadas y a las respectivas vías implicadas. Deben realizarse más investigaciones para dilucidar el impacto genuino de los polimorfismos destacados por el flujo de trabajo de filtrado de variantes aquí implementado y las propiedades cuantitativas y cualitativas de la leche de oveja, especialmente para su uso específico en la fabricación de quesos de alta calidad. La evaluación de la frecuencia alélica presentada aquí para la lista de posibles variantes funcionalmente relevantes para dos razas lecheras podría ser útil para guiar el diseño de chips SNP personalizados que se utilizarán en estrategias de selección genómica dirigidas a la mejora genética de poblaciones comerciales de ovejas lecheras.

CONCLUSIONES

Las variantes funcionalmente relevantes localizadas en los genes candidatos descritos en el presente estudio podrían considerarse como marcadores potenciales para aumentar la eficiencia de las estrategias de selección genética de los rasgos de composición de la leche de oveja. Se requieren futuras investigaciones para confirmar el efecto de estas variantes funcionalmente relevantes sobre la composición de la leche y los rasgos queseros.

CAPÍTULO IV. EVALUACIÓN DE LA PRECISIÓN DE LA IMPUTACIÓN DE MARCADORES MICROSATÉLITE A PARTIR DE UN CHIP DE SNPS (50K) EN GANADO OVINO DE RAZA ASSAF

Resumen

La transición de las tecnologías de genotipado tradicionales a las modernas requiere el desarrollo de metodologías puente para evitar costes adicionales de genotipado. El objetivo de este estudio es determinar el número óptimo de polimorfismos de nucleótido único (SNP) necesarios para imputar con precisión marcadores de microsatélites con el fin de desarrollar un chip SNP de baja densidad para la verificación del parentesco en la raza ovina Assaf. La precisión de la imputación de marcadores microsatélite se evaluó con tres métricas: concordancia del genotipo (**C**), dosificación del genotipo (**r2 longitud**) y dosificación alélica (**r2 alélica**), para todos los escenarios de imputación probados (ancho de ventanas SNP flanqueantes de microsatélites de 0,5-10 Mb). La precisión de la imputación de los tres parámetros analizados para todas las longitudes de haplotipos probadas fue superior a 0,90 (C), 0,80 (r2 longitud) y 0,75 (r2 alélica), lo que indica una fuerte concordancia de genotipos. La ventana con 2 Mb de longitud proporciona la mejor precisión para el procedimiento de imputación y el diseño de un chip SNP de baja densidad asequible para pruebas de parentesco. Además, evaluamos el rendimiento de la imputación bajo dos modelos simulados: ingenuo (imputando el alelo más común) y aleatorio (imputando aleatoriamente uno de los alelos), que en comparación mostraron concordancias genotípicas menores (0,41 y 0,15, respectivamente). Por lo tanto, en el presente artículo describimos una metodología precisa para imputar genotipos de microsatélites multialélicos a partir de un chip SNP de baja densidad en ovejas y resolver el problema de la verificación del parentesco cuando se han utilizado diferentes plataformas de genotipado a lo largo de generaciones.

Palabras clave: verificación genealógica; ovino; microsatélites; SNPs; imputación de marcadores.

INTRODUCCIÓN

Las asignaciones erróneas de parentesco afectan directamente a la ganancia genética cuando la información del pedigrí se utiliza en programas de cría, ya que sesgan las estimaciones de heredabilidad, los parámetros genéticos, los valores de cría y la identificación de animales superiores para la selección (Geldermann et al., 1986; Dodds et al., 2005; Heaton et al., 2014). Por lo tanto, los registros genealógicos precisos son esenciales para el éxito de la mejora genética en el ganado.

El uso de marcadores moleculares, específicamente los marcadores genéticos, facilita la verificación del parentesco y la identificación de los individuos al indicar el parentesco putativo entre individuos a través de diferentes enfoques (Jones y Ardren, 2003; Jones et al., 2010). En este sentido, las variantes de microsatélites se han convertido en las últimas décadas en uno de los principales marcadores moleculares utilizados en ganadería para las pruebas de parentesco. Los microsatélites, también conocidos como repeticiones cortas en tándem (**STR**) o repeticiones de secuencia simple (**SSR**), consisten en motivos de 1-6 pb repetidos en tándem. Estas variantes representan los marcadores de elección para las pruebas de parentesco en el ganado debido a su alto contenido de información polimórfica con alelos heredados codominantes y una puntuación de alelos fácil pero no totalmente automatizada (Chambers y MacAvoy, 2000).

En la actualidad, la información de microsatélites para las pruebas de verificación del parentesco está siendo sustituida gradualmente por polimorfismos de nucleótido único (SNP). Aunque los SNP son menos informativos debido a su naturaleza bialélica, que determina la gama de marcadores necesarios para las pruebas de filiación (200-700 SNP en comparación con 14-20 microsatélites) (Strucken et al., 2016), cada vez hay más interés en utilizar paneles de SNP. Las ventajas de los paneles SNP incluyen la automatización más sencilla de la tecnología, la falta de necesidad de calibración entre laboratorios, menores tasas de error, la distribución uniforme de los marcadores SNP en todo el genoma y la reciente reducción de costes en la tecnología de genotipado (Carta et al., 2009; Glover et al., 2010; Zhang et al., 2013). Además, los paneles de

SNP se utilizan cada vez más en ganadería debido a la implementación de la selección genómica en los esquemas de cría (Brito et al., 2017; Cesarani et al., 2019; Lillehammer et al., 2020).

En el caso de las ovejas, existen dos estrategias para las pruebas de parentesco propuestas por la Sociedad Internacional de Ciencias Animales (**ISAG**): un panel de 19 microsatélites (Di Stasio, 2002) y un panel de 163 SNPs con cualidades verificadas para su uso en diversas razas ovinas (Strucken et al., 2016). En particular, en la oveja Assaf española, la mayoría de los animales del esquema de selección están genotipados con marcadores microsatélites. Esto es debido a la necesidad de una base de datos de pedigrí consistente y fiable a través de las generaciones lo que ha hecho que el uso de información de microsatélites sea una cuestión esencial. Sin embargo, desde la implantación de la selección genómica, con los primeros resultados de la evaluación genómica obtenidos en 2020, se ha producido un aumento anual del número de animales genotipados con un panel de 50K SNP. Algunos de estos animales se genotipan con ambas plataformas: SNPs y microsatélites. Dado que la verificación del parentesco debe realizarse con la misma tecnología aplicada en generaciones anteriores, esta situación ha generado costes adicionales para los ganaderos y las asociaciones de criadores. Una posible estrategia en la transición de microsatélites a paneles de SNP para evitar costes adicionales en el genotipado es la imputación de alelos de microsatélites a partir de haplotipos de SNP (McClure et al., 2012). Por lo tanto, en este estudio, nuestro objetivo fue identificar y evaluar un enfoque fiable para imputar con precisión marcadores de microsatélites mediante el uso de un panel de SNP, con el propósito de poder realizar verificaciones parentales en ovejas. Además, se evaluó el número óptimo de SNP necesarios para realizar una imputación óptima y precisa.

Material y métodos

Genotipos animales y control de calidad

Los perfiles genéticos de 4423 animales de 94 rebaños diferentes incluidos en el programa de cría de oveja lechera Assaf española se obtuvieron de la Asociación de Criadores de Oveja Assaf Española (ASSAFE, Zamora). Este conjunto de datos está compuesto por animales nacidos entre 1997 y 2019, de los cuales 349 eran carneros de inseminación artificial, 2071 eran carneros de monta natural y 2003 eran ovejas. Estos animales fueron genotipados para los 19 microsatélites recomendados por la ISAG para el control de la paternidad (Di Stasio, 2002) y con un panel SNP con 49.897 marcadores (chip SNP 50K) utilizado en el programa de selección genómica aplicado en la raza ovina Assaf española.

Antes del proceso de imputación, se aplicó un control de calidad a ambos conjuntos de marcadores. Se filtraron los microsatélites con tasas de genotipado inferiores al 80% y una heterocigosidad esperada inferior a un valor de equilibrio Hardy-Weinberg de 0,095. Lo que equivale a una frecuencia alélica mayor (**MAF**) inferior al 5% en marcadores bialélicos. Tras el control de calidad, los alelos de los microsatélites se recodificaron para ajustarlos al formato de llamada de variantes (**VCF**), siguiendo las especificaciones del software VCFtools (Danecek et al., 2011). El alelo más común para cada microsatélite se consideró el alelo de referencia en la población y se recodificó como "0". Para el resto de los alelos, se asignó un número consecutivo (1, 2, 3, ..., n) basado en la longitud del alelo del microsatélite. El control de calidad del chip de SNPs se realizó mediante PLINK (Purcell et al., 2007), y los SNP con tasas de genotipado inferiores al 95% se excluyeron del conjunto de datos. Para mantener la diversidad de haplotipos en la población, no se incluyó el filtrado MAF en el control de calidad de los SNPs.

Procedimiento de imputación

Las posiciones de los marcadores microsatélite en el genoma ovino (Oar_v3.1) se obtuvieron de la base de datos ovina de Ensembl v.95 (https://www.ensembl.org/Ovis_aries/Info/Index), y se verificaron mediante la alineación de las secuencias de cebadores utilizados en su secuenciación con el genoma de referencia ovino utilizando BLAST (Altschul et al., 1990). Los genotipos se analizaron e imputaron utilizando el método de estimación de fases implementado en el software BEAGLE 5.1 (Browning et al., 2018) (50 rondas de "burn-in" y 100 iteraciones) y el método de imputación de genotipos del mismo programa (Browning y Browning, 2007). Para establecer el número mínimo de SNP flanqueantes por microsatélite y la longitud de ventana óptima para lograr una imputación precisa, se consideraron varias distancias de ventana de SNP a cada lado de cada marcador microsatélite (0,5, 1, 2, 3, 4, 5, 6, 7, 8, 9, 10, 15, 20, 25, 30, 35, 40, 45, 50 Megabases (**Mb**)). En el proceso de imputación de genotipos, también se tuvieron en cuenta la información del pedigrí y el tamaño efectivo de la población (**Ne**).

Dado que los animales fueron genotipados tanto para marcadores microsatélites como para marcadores SNP, el rendimiento de la imputación se estimó mediante un enfoque de validación cruzada constituido por diez iteracciones. Para ello, dividimos la población total en dos grupos: el grupo de entrenamiento, que comprendía el 90% de la población total, y el grupo de validación, que comprendía el 10% restante. La información de microsatélites se enmascaró en la población de validación, y los genotipos de estos marcadores se imputaron mediante el software Beagle utilizando toda la información de la población de referencia, genotipos de microsatélites y SNP, y los genotipos de SNP en el conjunto de datos de validación. El proceso se repitió durante diez rondas, utilizando diferentes animales en el conjunto de datos de validación en cada ronda, siguiendo un enfoque aleatorio no paramétrico del 10% del total de las muestras mediante el uso de un código fuente Fortran personalizado.

Rendimiento de la imputación

Para evaluar la precisión de la imputación de microsatélites, utilizamos los parámetros de concordancia del genotipo, dosificación del genotipo y dosificación alélica, previamente definidas por Saini et al., (2018). La concordancia del genotipo (c_i) se definió como 0 si ninguno de los alelos imputados coincidía con un alelo verdadero, 0,5 si uno de ellos coincidía, y 1 si ambos alelos coincidían con los alelos verdaderos. Así, la concordancia del genotipo para un microsatélite (**C**) se calculó como la media sobre todas las muestras de c_i para cada microsatélite $C = \frac{1}{n}\sum_{i=1}^{n} c_i$. La dosificación del genotipo del microsatélite (**r2 longitud**) se definió como la correlación de Pearson entre la suma de los dos alelos en un locus específico ($d_i = x_{i1} + x_{i2}$) en genotipos imputados ($X_d = \{d_1, d_2, ..., d_n\}$) y los genotipos verdaderos ($Y_d = \{d_1, d_2, ..., d_n\}$), siendo la dosis del genotipo calculada como la correlación de Pearson de los vectores X_d e Y_d. La dosificación alélica de microsatélites (**r2 alélica**) se calculó como la correlación de Pearson para cada longitud alélica de microsatélite a, que se define en la población como $X_a = \{a_1, a_2, ..., a_n\}$, siendo n el número de muestras, donde $a_i = \sum_{j=1}^{2} 1_{(x_{ij}=a)}$, donde j es el número de alelos por muestra. Además, se calcularon las correlaciones de Pearson entre las frecuencias de los alelos de microsatélites de referencia y los alelos de microsatélites imputados. El rendimiento global de la imputación para cada microsatélite se evaluó calculando el valor esperado para cada métrica y comparándolo con dos modelos simulados: (1) un modelo ingenuo en el que el genotipo imputado se seleccionó como el alelo más común por microsatélite y (2) un modelo aleatorio en el que el genotipo imputado se seleccionó aleatoriamente de los genotipos disponibles en cada marcador, dependiendo indirectamente de las frecuencias alélicas (Saini et al., 2018).

Estructura de la población, tamaño efectivo de la población y relaciones parentales

Por último, utilizamos la información de los chips de SNP para evaluar diferentes factores que afectan a la precisión de la imputación, como la estructura de la población, el tamaño efectivo de la población y los conflictos entre los pedigríes de los padres y la progenie. Para evaluar la estructura de la población, estimamos la matriz de relación genómica (**GRM**) siguiendo a VanRaden et al., (2008), y las relaciones genómicas entre los individuos se trazaron utilizando el método Pedigromics (Reverter et al., 2019), que permiten calcular medidas de centralidad como los coeficientes de "betweenness" y "closeness". El tamaño efectivo de la población y los conflictos parental-progenie en el pedigrí se calcularon mediante la familia de programas BLUPF90 (Misztal et al., 2019). Por último, contrastamos la información de microsatélites real de los progenitores, incluida en el pedigrí, con la información de microsatélites imputada de la descendencia, simulando así el escenario en el que los ganaderos utilizan una plataforma de genotipado única (chip SNP de baja densidad) en la siguiente generación de individuos. Este análisis nos permitió confirmar que el procedimiento aquí propuesto puede aplicarse directamente en la industria ganadera para imputar alelos de microsatélites y confirmar las relaciones de parentesco.

Resultados

Control de calidad del genotipo

Todos los marcadores de microsatélites superaron los controles de calidad fijados en el análisis. En cuanto a los marcadores SNP, un total de 3.537 marcadores mostraron una tasa de llamada inferior al 95% y fueron filtrados. Por lo tanto, se consideraron para el procedimiento de imputación un total de 19 microsatélites y 42.665 SNP. Los microsatélites estaban situados a lo largo de los autosomas de las ovejas y, por de media cada microsatélite tenía 12,73 alelos, con una longitud entre 81 y 297 pb. La información de los microsatélites considerados en este trabajo se resume en la Tabla 1.

Resultados de la imputación

Para imputar toda la población considerada en este estudio, realizamos un enfoque de validación cruzada de diez iteracciones. Por lo tanto, fueron necesarios diez procedimientos de imputación para estimar la información de microsatélites a partir de la información de los SNPs en toda la población. Además, evaluamos la precisión (concordancia, dosificación genotípica y dosificación alélica) de los marcadores microsatélite imputados en los escenarios de imputación propuestos (longitudes de ventana de 0,5 Mb a 50 Mb) para determinar así la longitud de haplotipo óptima durante la imputación (Figura 1).

Tabla 1. Características de los marcadores de microsatélite utilizados en el presente estudio.

Microsatélite	Cromosoma	Posición (bp)	Nº de alelos	Rango (bp)
INRA006	1	109478015	13	104-134
INRA049	1	1952560108	9	134-166
INRA023	1	86986507	14	194-220
FCB20	2	153680836	14	87-115
AE129	5	78045895	6	135-161
SPS113	7	23419543	11	126-152
ILSTS005	7	92854099	12	190-214
ILSTS011	9	25256863	8	268-282
ILSTS008	9	45990219	2	168-170
McM042	9	51865313	8	81-107
CSRD247	14	15564041	19	205-257
INRA063	14	39826970	18	167-207
SPS115	15	23269440	12	237-255
MAF65	15	30901387	9	119-137
MAF214	16	33667802	16	183-269
CP49	17	14434435	25	76-136
HSC	20	25764806	17	263-297
INRA132	20	4668849	17	146-180
INRA172	22	20603037	12	126-172

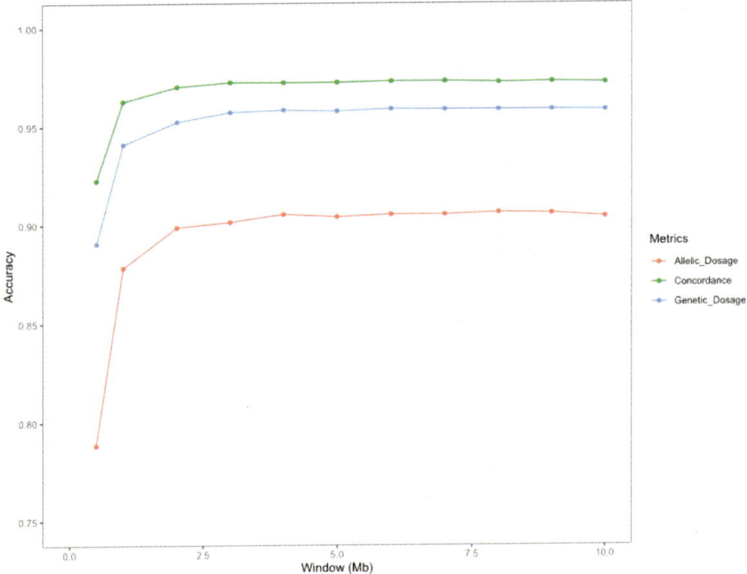

Figura 1. Representación gráfica de la precisión de la imputación de microsatélites considerando diferentes longitudes de ventana en el proceso de imputación. El eje x representa los tamaños de ventana (en pb) considerados en el proceso de imputación. El eje y representa la media de los parámetros de precisión de la imputación (concordancia (verde), dosificación genotípica (azul) y dosificación alélica (naranja)) de los 19 microsatélites incluidos en este estudio.

Observamos un aumento notable en la precisión de la imputación de los marcadores microsatélite cuando se aumentó el tamaño de ventana de 0,5 Mb (SNPs/ventana = 19,11, C = 0,922; r2 longitud = 0,890, r2 alélica = 0. 788), a 1 Mb (SNPs/ventana = 38,05, C = 0,962; r2 longitud = 0,941, r2 alélica = 0,878) y 2 Mb (SNPs/ventana = 74,05, C = 0,970; r2 longitud = 0,952, r2 alélica = 0,899) (Figura 1). Considerando una longitud de ventana de 3-Mb, la adición de nueva información proporcionada por los SNPs localizados en las ventanas circundantes (>100 SNPs) mejoró ligeramente la precisión de la imputación (C = 0,972; r2 longitud = 0,957, r2 alélica = 0,901), mientras que se observó una estabilización en la precisión de la imputación para ventanas más amplias (Figura 1). Teniendo en cuenta que el objetivo de nuestro trabajo era describir una longitud de ventana SNP que proporcionara una precisión óptima para el procedimiento de imputación de microsatélites con el fin de diseñar un chip SNP de baja densidad asequible para su uso en pruebas de parentesco por parte de los criadores, consideramos que 2 Mb fue el mejor haplotipo para análisis posteriores. La precisión de la imputación (concordancia, dosificación del genotipo y dosificación alélica) para cada microsatélite considerando 2 Mb de tamaño de ventana se resumen en la Tabla 2. Utilizando un haplotipo SNP de 2 Mb, la correlación de Pearson entre la frecuencia alélica real de microsatélites en la población y la frecuencia de los alelos imputados en estos marcadores fue de 1,00.

Tabla 2. Resumen de los parámetros de precisión de la imputación para los 19 microsatélites considerados en este estudio utilizando un ancho ventana de 2 Mb. La tabla incluye también los resultados de los modelos simulados.

Cromo-soma	Posición	Micro-satélite	C	r2 length	r2 allelic	Modelo ingenuo (C)	Modelo aleatorio (C)
1	86986507	INRA023	0.98	0.97	0.97	0.28	0.13
1	109478015	INRA006	0.93	0.87	0.84	0.48	0.11
1	195256010	INRA049	0.97	0.97	0.88	0.44	0.16
2	153680836	FCB20	0.96	0.94	0.89	0.26	0.10
5	78045895	AE129	0.96	0.96	0.88	0.47	0.20
7	23419543	SPS113	0.95	0.93	0.79	0.34	0.16
7	92854099	ILSTS005	0.99	0.97	0.97	0.41	0.11
9	25256863	ILSTS011	0.98	0.96	0.92	0.50	0.18
9	45990219	ILSTS008	0.97	0.86	0.80	0.67	0.61
9	51865313	McM042	0.97	0.97	0.93	0.48	0.17
14	15564041	CSRD247	0.99	0.97	0.97	0.34	0.07
14	39826970	INRA063	0.97	0.95	0.82	0.33	0.09
15	23269440	SPS115	0.96	0.95	0.90	0.33	0.14
15	30901387	MAF65	0.98	0.97	0.92	0.36	0.18
16	33667802	MAF214	0.98	0.98	0.86	0.54	0.09
17	14434435	CP49	0.98	0.97	0.92	0.39	0.06
20	4668849	INRA132	0.98	0.97	0.95	0.29	0.11
20	25764806	HSC	0.98	0.98	0.95	0.54	0.09
22	20603037	INRA172	0.96	0.95	0.91	0.35	0.12

Para validar nuestros resultados de imputación, analizamos el rendimiento de la imputación bajo dos modelos de imputación simulada: la imputación ingenua demostró una concordancia media de 0,41 (oscilando entre 0,26 y 0,67), y la imputación aleatoria demostró una concordancia media de 0,15 (oscilando entre 0,06 y 0,60). Ambos procedimientos de validación revelaron valores de concordancia considerablemente inferiores al método de imputación propuesto en este estudio, validando de esta manera nuestro enfoque.

Estructura de la población y tamaño efectivo de la población

La Figura 2 presenta la estructura de la población de los 4.423 animales incluidos en el estudio, utilizando la GRM creada con los 42.665 SNP restantes tras el filtrado de control de calidad. Los individuos se representan como nodos en la red, y dos animales se conectan mediante una línea cuando existe un parentesco genómico predefinido, por ejemplo, padre-hijo. Los animales no relacionados con la población principal se filtraron en la representación. Los parentescos genómicos superiores a 0,2 fueron representados mediante líneas que conectaban a los animales en la Figura 2. El coeficiente de centralidad entre nodos refleja la cantidad de control que un nodo ejerce sobre las interacciones con otros nodos de la red. Los animales con alta centralidad en un gráfico de pedigrí podrían tener un papel en la conexión de grupos desconectados (Da Costa Perez, 2019). Bajos valores de los coeficientes de centralidad y proximidad sugieren una escasa relación entre las muestras incluidas en la población estudiada. Sin embargo, el 21% de los animales presentaban un coeficiente de proximidad superior al tercer cuartil de la distribución de valores (0,24), que se representa mediante una escala de colores de verde a rojo en la Figura 2. Estas muestras se distribuyen en ocho grupos familiares emparentados, como se muestra en la Figura 2. El bajo grado de parentesco entre estos grupos y el resto de los animales sugiere que la población no está emparentada ni estructurada. En este estudio además estimamos el tamaño efectivo (*Ne*) de la población de Assaf estudiada (214 animales).

Pruebas de filiación

Los registros genealógicos disponibles para la población ovina de raza Assaf objeto de estudio integraban un total de 1450 relaciones de parentesco que pudieron confirmarse con la información SNP localizada en los 2 Mb alrededor de cada microsatélite. Durante la confirmación se encontraron un total de 24 asignaciones erróneas en el pedigrí, lo que representa un total del

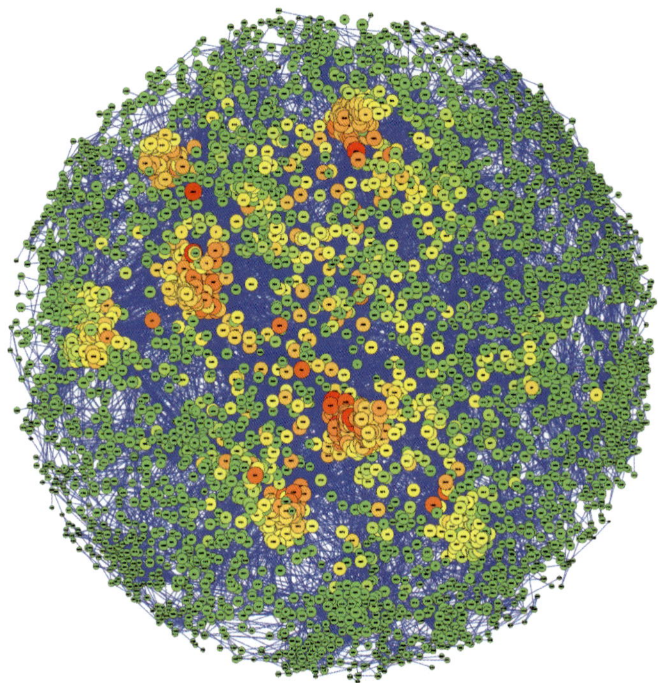

Figura 2. Estructura de la población utilizando el método Pedigromics. Se muestran las relaciones genómicas (> 0,2) entre los individuos. Cada nodo representa un animal de la población. El color y el tamaño de los nodos se basan en el coeficiente de proximidad, en una escala de color de verde a rojo, en la ue los valores más altos se representan con un tamaño grande y color rojo.

1,66% del total de relaciones analizadas. Para asegurar que la información de los microsatélites imputados puede ayudar a verificar la relación entre padres e hijos, contrastamos las relaciones paternofiliales confirmadas a través de los SNPs con la información de los microsatélites imputados, considerando los escenarios de longitud de ventana propuestos anteriormente (1 Mb-50 Mb). Un total del 86,50% de estas relaciones se confirmaron mediante el análisis de los 19 alelos de microsatélite imputados obtenidos en relación con los SNP situados en el entorno de 2 Mb de cada microsatélite. Se alcanzaron valores similares a través de las longitudes de ventana de 1 Mb (77,50%) y 3 Mb (85,70%), siendo el escenario de 2 Mb, descrito anteriormente como el mejor haplotipo para la imputación de microsatélites. Sin embargo, considerando la concordancia de 17 o más marcadores imputados se consiguió probar un total del 99,55% de las relaciones de parentesco incluidas en este estudio.

DISCUSIÓN

Este estudio presenta una metodología precisa para imputar genotipos multialélicos a partir de información bialélica en ovinos. Las tecnologías de genotipado tradicionales y nuevas deben alinearse mediante la aplicación de metodologías puente que permitan a los criadores evitar los costes adicionales de regenotipado. Nuestro estudio combina marcadores microsatélite y SNP en un enfoque eficiente para imputar marcadores microsatélite a través de haplotipos SNP, logrando altas tasas de concordancia. Por lo tanto, el procedimiento de imputación desarrollado representa un enfoque útil y gratuito para realizar la verificación del parentesco cuando se han utilizado diferentes plataformas de genotipado a lo largo de las generaciones. Los resultados de este estudio tendrán sin duda un gran impacto en los criadores de ganado ovino de nuestro país, permitiéndoles realizar una rápida transición de la verificación de parentesco con microsatélites al uso de paneles de SNPs (Sharma et al., 2018).

En general, como se muestra en la Figura 1, la precisión de nuestros resultados de imputación para los tres parámetros analizados (C, r2 longitud y r2 alélica), en los diferentes escenarios de anchos de ventanas probados, fue superior a 0,90 (C), 0,80 (r2 longitud) y 0,75 (r2 alélica) para todas las longitudes de haplotipos (0,5 y 10 Mb). Los resultados de precisión presentados en este estudio fueron superiores a los encontrados en un estudio previo realizado en ganado vacuno por Sharma et al., (2018), que alcanzaron una concordancia de 0,40 y una correlación entre microsatélites reales e imputados de 0,31. Además, en este estudio no solo exploramos la viabilidad de realizar la imputación de microsatélites, sino también el número óptimo de SNPs necesarios para realizar una imputación precisa de la información de microsatélites. Evaluar la precisión de la imputación del número óptimo de SNP es crucial para definir una estrategia de genotipado adecuada para minimizar los costes de genotipado (Yoshida et al., 2018). Según Strucken et al., (2016), se requieren 700 marcadores SNP para reducir los resultados falsos positivos en las pruebas de parentesco, que en nuestro enfoque corresponden a una longitud de haplotipo de 1 Mb, abarcando un promedio de 38,05 SNP por microsatélite, con tasas de precisión de imputación adecuadas (C = 0,962;

longitud r2 = 0,941, r2 alélica = 0,878). Sin embargo, el rendimiento de la imputación alcanzó valores de precisión superiores a 0,90 en todos los parámetros de precisión utilizando una longitud del haplotipo de 2 Mb: 0,97 (C), 0,95 (r2 longitud) y 0,90 (r2 alélica). Estos resultados fueron ligeramente superiores a los obtenidos en un estudio de genética humana de Saini et al., (2018), que lograron una concordancia genotípica de 0,97, una dosificación genotípica de 0,91 y una dosificación alélica de 0,86. Además, las tasas de concordancia de los modelos simulados obtenidos por Saini et al., [ingenuo (0,72) y aleatorio (0,61)] fueron muy superiores a las obtenidas en el presente estudio [ingenuo (0,41) y aleatorio (0,15)]. Esto pone de manifiesto la diversidad genética de los marcadores microsatélites en ovino y la gran eficacia del procedimiento de imputación presentado en este trabajo.

Las precisiones de imputación obtenidas pueden estar sobreestimadas debido a (i) una población altamente estructurada y relacionada (Bolormaa et al., 2015) o (ii) un tamaño de población efectivo bajo (Druet et al., 2014). Por un lado, la población incluida en el presente trabajo, representada mediante el método Pedigromics (Figura 2), alcanzó bajos índices de coeficientes de centralidad (coeficiente de "betweenness" = 0,003 y coeficiente de "closeness" = 0,237), lo que sugiere que la población no estaba estructurada ni altamente relacionada. Además, la selección de las poblaciones de referencia y de prueba durante la validación cruzada mediante un enfoque aleatorio no paramétrico evita la sobreestimación de las métricas de imputación al evitar la selección de muestras altamente relacionadas en grupos diferentes. Por otro lado, el tamaño efectivo de la población fue de 214, mayor que en razas bovinas altamente seleccionadas (Sharma et al., 2018), pero en el amplio rango de tamaños efectivos de población descritos en razas ovinas, desde valores de 78 en Romney, 100 en la raza Wiltshire, 128 en la raza Churra, hasta 1317 en Qezel (García-Gámez et al., 2012a; Kijas et al., 2012; Prieur et al., 2017). Valores más bajos del tamaño efectivo de la población pueden conducir a una sobreestimación de las métricas de precisión de la imputación; sin embargo, comparando nuestras tasas de concordancia con las tasas de concordancia obtenidas en la imputación de microsatélites en ganado Hanwoo llevada a cabo por Sharma et al., (2018), logramos más del doble de concordancia (0,90 frente a 0,40). Los tamaños poblacionales pequeños reducen la diversidad genética de la población (Frankham, 1996) e influirían en las tasas de concordancia de los modelos simulados, tanto el ingenuo como el aleatorio, aumentando los valores de precisión obtenidos. No obstante, las medias de las tasas de concordancia de los modelos ingenuo y aleatorio (0,41 y 0,15, respectivamente) fueron muy inferior a las obtenidas en un estudio en humanos por Saini et al., (2018), (0,72 y 0,61, respectivamente). Esta diferencia entre la precisión de la imputación y la precisión de los modelos simulados indica que el tamaño efectivo de la población y la diversidad genética de la población Assaf analizada son lo suficientemente grandes como para realizar una imputación precisa de la información de microsatélites. En concreto, una elevada diversidad genética en la población de referencia ayudaría a conseguir precisiones elevadas en el proceso de imputación (Boichard et al., 2012; Zhang et al., 2013; Bolormaa et al., 2015) y reduciría la capacidad de imputación de los modelos ingenuo y aleatorio. Por lo tanto, estos hallazgos explican las elevadas tasas de concordancia obtenidas en comparación con los estudios anteriores sobre imputación de microsatélites a partir de datos SNP realizados con tamaños de población inferiores en humanos (Saini et al., 2018) (1916 muestras) y en vacuno (Sharma et al., 2018) (1482 muestras).

En resumen, la distancia de ventana óptima (2 Mb) logró una alta tasa de concordancia (0,97) en el procedimiento de imputación de microsatélites. Las relaciones parentales confirmadas por 17 o más alelos de microsatélite imputados garantizarían una tasa de éxito del 99,55%, sin riesgo de asignaciones erróneas de parentesco. Pruebas de paternidad con menos de 17 marcadores de microsatélite imputados concordantes aumentarían el riesgo de asignaciones erróneas de parentesco y no se recomiendan en el ganado ovino. Estos resultados ponen de manifiesto que 2 Mb es la longitud de ventana más apropiada para la imputación de microsatélites y la verificación parental. Por lo tanto, el desarrollo de un panel SNP de baja densidad con los 1407 SNPs identificados en este trabajo y considerados en el ancho de ventana de 2 Mb, podrían ayudar a reducir el número de errores de parentesco en el pedigrí del ganado ovino, debido a una automatización más sencilla, a sus menores tasas de error en comparación con los marcadores microsatélite y a la falta de necesidad de calibración entre laboratorios (Carta et al., 2009; Glover et al., 2010; Zhang et al., 2013).

CONCLUSIONES

Este estudio presenta una metodología eficaz para superar los problemas que plantea la transición de marcadores multialélicos (microsatélites) a marcadores bialélicos (SNP) en los análisis de verificación de los pedigríes en ovinos. Se ha demostrado que el uso de los SNPs localizados dentro de un ancho de ventana de 2-Mb flanqueante para cada microsatélite logra una gran precisión en el procedimiento de imputación. La información obtenida a partir de los microsatélites imputados podría utilizarse para la identificación individual y la verificación del parentesco en el ganado ovino, lo que representa un enfoque útil y gratuito en la industria ovina evitando así el doble genotipado necesario para la implementación de la selección genómica.

CAPÍTULO V. EVALUACIÓN DEL USO DE UN PANEL DE SNP DE BAJA DENSIDAD PARA LA IMPUTACIÓN Y LA SELECCIÓN GENÓMICA DE PRODUCCIÓN DE LECHE Y CARACTERES TECNOLÓGICOS EN EL GANADO OVINO DE LECHE

Resumen

El presente estudio se centró en determinar cómo las diferentes estrategias para utilizar la información genómica mejoran la precisión de las estimaciones del valor de cría para los rasgos de producción de leche y queso y evaluar la aplicación de un chip de SNPs de baja densidad (**LowD**), diseñado explícitamente para ese fin. Así, se recogieron y analizaron muestras de leche de un total de 2.020 ovejas lecheras de 2 razas (1.039 Assaf española y 981 Churra) para determinar tres rasgos de producción y composición de la leche y dos rasgos relacionados con las propiedades de coagulación de la leche y el rendimiento quesero. Las dos poblaciones estudiadas se genotiparon mediante un chip de SNPs diseñado a la carta por Affymetrix, con 55.627 marcadores. La precisión de los valores de cría se calculó utilizando diferentes metodologías, como el modelo de mejor predicción lineal insesgada (**BLUP**) basado en información de pedigrí, el modelo de mejor predicción lineal insesgada genómica (**GBLUP**), el BLUP a nivel de polimorfismo de nucleótido único (**SNP-BLUP**), basado en datos genotípicos, y el modelo de mejor predicción lineal insesgada genómica de un solo paso (**ssGBLUP**), que combina ambas fuentes de información, los genotipos y el pedigrí. Todos estos métodos se analizaron mediante una validación cruzada, comparando las predicciones de toda la población con los conjuntos de población de validación. Además, en este estudio describimos el diseño de un chip de SNPs LowD (3K). La precisión de este chip se comparó mediante los diferentes métodos mencionados previamente, con la precisión obtenida a partir en los conjuntos de datos del chip de SNPs 50K. Finalmente, concluimos que la implementación de la selección genómica (**GS**) a través del modelo ssGBLUP en los programas de cría actuales aumentaría la precisión de los valores de cría estimados en las poblaciones de ovejas lecheras Assaf y Churra. El chip de SNPs LowD es rentable y ha demostrado ser una herramienta precisa para estimar los valores genómicos de cría para los rasgos de producción de leche y queso. En el diseño se incluyeron los SNPs necesarios para la imputación de microsatélites y la verificación del parentesco. Los resultados aquí presentados sugieren que el uso rutinario de este chip de SNPs LowD podría potencialmente incrementar las ganancias genéticas de los programas de selección de las dos razas ovinas lecheras españolas aquí consideradas (Assaf y Churra).

Palabras clave: producción quesera, leche de oveja, evaluación genética, selección genómica.

Introducción

España es uno de los países europeos con mayor censo de ganado ovino lechero (FAOSTAT., 2019). Se considera que el queso de leche de oveja tiene mejores características sensoriales que el elaborado con leche de cabra y vaca (Pappa et al., 2006). La composición de la leche de oveja influye mucho en las características tecnológicas y organolépticas de los productos lácteos (Moioli et al., 2007); por lo tanto, la calidad de la leche cruda de oveja es importante porque afecta al rendimiento quesero y determina el sabor típico de los quesos etiquetados (Carta et al., 2009; Pazzola et al., 2018).

En la industria láctea, la producción de leche era actualmente el criterio de selección común para la mayoría de las razas de ovejas lecheras, aunque muchos programas de cría han cambiado el criterio de selección basándose en la combinación de varios rasgos de composición de la leche (rendimientos de grasa y proteína combinados con porcentajes de grasa y proteína) (Carta et al., 2009). Actualmente, en España, se ha añadido el porcentaje de proteína de la leche como criterio de selección en la raza Churra (Gutiérrez-Gil et al., 2009), y se están considerando los rendimientos de grasa y proteína en la raza Assaf española. Además de estos caracteres lácteos y debido a la relevancia de la producción de queso en la ganadería de ovino lechero, nuestro grupo ha reportado recientemente la estimación de parámetros genéticos para otros caracteres tecnológicos de la leche, como las propiedades de coagulación de la leche (**MPC**) (Bynum y Olson, 1982; McMahon y Brown, 1982) y los caracteres de rendimiento quesero (Othmane et al., 2002a; c) en las razas Churra y Assaf española (Sánchez-Mayor et al., 2019; Pelayo et al., 2021). Estos dos tipos de rasgos están directamente relacionados con la capacidad quesera de la leche y se denominarán aquí "rasgos queseros". Además, para comprender mejor la producción de leche, la composición de la leche y los rasgos queseros en ovejas lecheras, también estudiamos la base genética compartida entre todos estos tipos de rasgos en las razas ovinas españolas, Assaf y Churra (Marina et al., 2021a). Ese trabajo esbozó las ventajas potenciales de explotar la información derivada de las variantes genéticas que soportan los efectos pleiotrópicos identificados en los correspondientes programas de selección, y dicho trabajo podría representar un primer paso hacia la implementación práctica de la GS en los esquemas españoles de selección de ovejas lecheras.

Los programas de selección clásicos para todas las razas ovinas lecheras se basan en un modelo animal de mejor predicción lineal insesgada (**BLUP**), que incluye efectos ambientales fijos junto con efectos genéticos aditivos aleatorios y efectos ambientales permanentes (Astruc et al., 1994). Estos programas de selección se centran principalmente en razas puras locales, como la raza Churra, y también se utilizan algunas razas extranjeras mejoradas o cruces, como la raza Assaf española (Velazco et al., 2019). La raza Assaf Española fue introducida en España en 1977 (De la Fuente et al., 2006) y actualmente es una de las principales razas de ovino lechero en España. Actualmente, esta raza se caracteriza por largos periodos de lactación y rendimientos lácteos (**MYs**) muy superiores a otras razas autóctonas, como la Churra (Jiménez y Jurado, 2015).

Al igual que en otras especies y tipos de producción, las ganancias genéticas de los programas de mejora de ovejas lecheras podrían incrementarse mediante la inclusión de información genómica en los programas de selección genética (Shumbusho et al., 2013). La selección genómica, descrita por Meuwissen et al., (2001), se ha aplicado con éxito en la cría de animales (Meuwissen et al., 2016) y ha demostrado ser ventajosa en ovejas lecheras (Duchemin et al., 2012; Legarra et al., 2014; Rupp et al., 2016). La disponibilidad de información genotípica animal ha permitido la implementación del método de mejor predicción lineal insesgada genómica (**GBLUP**) (VanRaden, 2008) y BLUP a nivel de polimorfismo de nucleótido único (**SNP-BLUP**) basados en datos genotípicos. Sin embargo, la limitación de costes de la metodología GBLUP y la disponibilidad de información de pedigrí potenciaron el diseño de la metodología GBLUP de un solo paso (**ssGBLUP**), el cual combina individuos genotipados y no genotipados en el mismo análisis mezclando la matriz de relación aditiva (**A**) creada a partir de la información de pedigrí y la matriz de relación genómica (**GRM**) estimada a través de la información de genotipo (G) (Legarra et al., 2009). Una ventaja del enfoque ssGBLUP es que reduce el coste de genotipado porque solo se genotipan los candidatos a la selección o los animales altamente representados en la población, optimizando la información del pedigrí de la misma manera que en la evaluación BLUP tradicional, lo que permite predecir el mérito genético tanto en los animales genotipados como en los no genotipados (Lourenco et al., 2015).

El mayor reto de la implementación de la GS con un Chip de SNPs de media (50K) o alta densidad (>300K) en ovejas lecheras es el coste del genotipado, que actualmente no es asequible para las asociaciones de criadores de ovejas lecheras. Sin embargo, el coste de genotipado por individuo es considerablemente menor para los paneles SNP de baja densidad (**LowD**); por lo tanto, hay mucho interés en su implementación en programas de selección genómica (Habier et al., 2009). Además, la información de los chips de SNPs LowD puede reemplazar el genotipado de marcadores microsatélites y los costes asociados, que se han utilizado clásicamente para la verificación individual y del parentesco (Barillet, 2007). Los chips de SNPs LowD también ofrecen la interesante opción de explotar su información mediante estrategias de imputación para ampliar el potencial de la información genómica a un coste asequible.

Teniendo todo esto en cuenta, el presente estudio tiene dos objetivos complementarios. En primer lugar, determinar los beneficios potenciales sobre la precisión de los valores de mejora estimados para los rasgos producción de leche y queso mediante diferentes estrategias que utilizan información genómica (GBLUP, SNP-BLUP y ssGBLUP) y que podrían aplicarse en los programas de selección genómica actuales. En términos de precisión y eficiencia, los resultados de todas estas estrategias se comparan con el enfoque BLUP, actualmente utilizado en la práctica por las asociaciones de criadores de Assaf y Churra. El segundo objetivo es establecer los posibles beneficios de la utilización de un Chip de SNPs LowD específicamente diseñado para predecir con precisión los valores genéticos de los rasgos lácteos y queseros en los programas de selección genómica de las razas ovinas lecheras Assaf y Churra.

Material y métodos

Animales y fenotipos

Los datos fenotípicos utilizados en este estudio incluyeron 2.020 ovejas pertenecientes a las razas Assaf (n = 1.039, número de rebaños = 4) y Churra (n = 981, número de rebaños = 2). Siguiendo el procedimiento detallado por Sánchez-Mayor et al., (2019), se recogió una muestra de 50 ml de leche de cada oveja del ordeño de la mañana. Cada muestra de leche se analizó por separado para determinar 7 rasgos de producción, composición y funcionales de la leche y 7 rasgos relacionados con la elaboración del queso, incluyendo 5 MCP y 2 rasgos de rendimiento quesero. A partir de estas mediciones, se seleccionó para este estudio un subconjunto de rasgos representativos. Entre los rasgos de producción y composición de la leche, se analizaron la MY (kilogramos), el porcentaje de grasa (**PF**, %) y el porcentaje de proteína (**PP**, %); y en cuanto a la eficiencia quesera individual, los rasgos seleccionados fueron el tiempo necesario para que la cuajada alcanzara los 20 mm o tiempo de cuajado (**K20**, min), como uno de los MCP medidos, y el rendimiento quesero individual en laboratorio (**ILCY**, g/10 mL de leche), que se estimó siguiendo a Othmane et al., (2002a; b), como un rasgo relacionado con el rendimiento quesero.

Los parámetros genéticos para todos los caracteres considerados en este estudio han sido estimados previamente en ambas razas por Marina et al., (2021a) para la raza Assaf y Pelayo et al., (2019) para la raza Churra. En este trabajo también se ha aplicado la transformación logarítmica del rasgo K20 (**logK20**), considerada previamente en dicho estudio a partir de la valoración inicial de la normalidad de la distribución de la variable. Las estadísticas descriptivas básicas de los datos fenotípicos aquí considerados para las dos razas de ovejas lecheras objeto de estudio se representan en la Tabla 1.

Por último, la información genealógica de las dos poblaciones consideradas fue facilitada por la asociación de criadores correspondiente. Ambos pedigríes se optimizaron manteniendo únicamente la información relativa a las 2.020 ovejas incluidas en este estudio. La información pedigrí final estaba compuesta por 1.652 y 3.725 individuos para las razas Assaf y Churra, respectivamente.

Genotipado y filtrado de Calidad

Los perfiles genéticos de las 2.020 ovejas se obtuvieron mediante un chip de SNPs diseñado a la carta por la empresa Affymetrix (Affymetrix Inc, San Diego, CA, USA) que incluye un total de 55.627 marcadores (50K) con posiciones conocidas en los 26 autosomas ovinos según el último genoma de referencia ovino Rambouillet versión 1.0 release 102 (Yates et al., 2020) (**Oar_rambouillet_v1.0**). Este SNP-Chip personalizado incluye 3.080 variantes que fueron seleccionadas de un estudio previo de nuestro grupo de investigación caracterizando la variación genética dentro del transcriptoma de células somáticas de leche de ovejas lactantes (Suárez-Vega et al., 2017). El control de calidad (**QC**) de los genotipos en bruto se realizó utilizando PLINK versión 1.90 (Purcell et al., 2007). Se excluyeron del conjunto de datos las muestras con más de un 10 % de genotipos faltantes y los SNP con tasas de genotipado inferiores al 90 % y una frecuencia alélica mayor (**MAF**) inferior al 1%.

Modelos de predicción genómica

Para los 5 fenotipos considerados en este estudio (MY, FP, PP, K20 e ILCY), los valores de cría estimados (**EBV**) de los animales incluidos en este estudio se estimaron utilizando diferentes metodologías. i) Mejor predicción lineal insesgada (BLUP), en la que la matriz de relación se calcula basándose en el pedigrí y se conoce como **A**. ii) Mejor predicción lineal insesgada genómica (GBLUP), en la que la GRM se calcula utilizando la información del marcador genómico proporcionada por el chip de SNPs. La GRM se conoce en ese caso como **G**, que se calculó según VanRanden (2008) de la siguiente manera:

$$G = \frac{ZZ'}{2\sum p_i(1-p_i)},$$

donde **Z** representa la matriz de incidencia para los efectos SNP, y se estandariza mediante el parámetro de escala $2\sum p_i(1 - p_i)$, que a priori asume la independencia de los efectos SNP (Gianola et al., 2009). iii) BLUP a nivel de polimorfismo de nucleótido único (SNP-BLUP), en el que se aplica una regresión aleatoria para calcular los efectos de los marcadores basada en BLUP asumiendo una distribución normal y una varianza igual para todos los marcadores (Koivula et al., 2012). iv) Mejor predicción lineal insesgada genómica de un solo paso (ssGBLUP), que combina tanto la información de los marcadores SNP como la del pedigrí siguiendo a Aguilar et al., (2010) de acuerdo con la siguiente fórmula:

$$H^{-1} = A^{-1} + \begin{bmatrix} 0 & 0 \\ 0 & G^{-1} - A_{22}^{-1} \end{bmatrix},$$

donde **H** representa la matriz de relaciones genómicas construida combinando las relaciones de genotipo (G^{-1}) y de pedigrí (A^{-1}); y A_{22}^{-1} se resta de G^{-1} para evitar el doble cómputo de la información de pedigrí de los animales genotipados (Lourenco et al., 2020). Todos estos modelos se implementaron utilizando la familia de programas BLUPF90 (Misztal et al., 2019) en un modelo mixto multirasgo que incluye los cinco fenotipos considerados en este estudio a la vez y que se aplicó para cada raza individualmente de la siguiente manera:

$$Y = Xb + Wu + e,$$

donde Y es el vector de fenotipos, X es la matriz de incidencia de efectos fijos, b es el vector de efectos fijos, e incluía los siguientes factores: edad al parto, con 5 y 7 niveles para las razas Assaf y Churra, respectivamente; día de prueba del rebaño, con 12 y 10 niveles para Assaf y Churra, respectivamente; y número de corderos nacidos vivos, con 2 niveles para ambas razas. En el modelo también se consideró los días en leche de cada oveja como covariable. Además, **W** representa matriz de incidencia del efecto animal (u), y e es el vector de efectos residuales. En el modelo, suponemos que los efectos aleatorios u y e se distribuyen normalmente con media 0 y varianza **GRM**σ_u^2 e **I(n x n)**σ_e^2, respectivamente. En este caso, σ_u^2 y σ_e^2 son las varianzas genéticas y de error aditivas, **I** es una matriz de identidad y **n** es el número de animales. Por último, los componentes de la varianza se estimaron mediante el algoritmo de máxima verosimilitud restringida de información media (**AIREML**) utilizando el mismo análisis de modelo mixto multirasgo y el paquete de software BLUPF90 (Misztal et al., 2019).

Poblaciones de validación

Para comprobar las diferencias en las precisiones estimadas de predicción del valor de cría de las metodologías descritas anteriormente y la prueba de imputación (detallada más adelante), se realizó una validación cruzada (**CV**) de 10 iteraciones dentro de cada raza dividiendo la población en 10 subconjuntos iguales y prediciendo cada subconjunto (conjunto de población de validación) a partir de los otros 9 subconjuntos (conjunto de población de entrenamiento). Las poblaciones de entrenamiento y validación se seleccionaron utilizando un enfoque aleatorio no paramétrico para evitar la selección de muestras relativas inmediatas en grupos diferentes. Los mismos subconjuntos de población se utilizaron para predecir los valores de cría estimados siguiendo diferentes metodologías descritas previamente.

Diseño de chip de baja densidad

Además, una vez realizada la metodología SNP-BLUP, incluidos los SNP restantes tras el QC de chip de SNPs (50K) considerado en este estudio (**50K SNP-Chip**), extrajimos los resultados de una de las poblaciones CV (seleccionada aleatoriamente). Para el diseño de chip de SNPs LowD (**LowD-Chip**), seleccionamos aquellos SNP que se encontraban simultáneamente dentro del 2% superior del efecto asignado y de la varianza explicada por el procedimiento SNP-BLUP para al menos un rasgo, y tenían un MAF superior a 0,40 en la población analizada. Además de este subconjunto de SNPs directamente relacionados con los rasgos de producción de leche y rendimiento quesero analizados en este estudio, también incluimos en el LowD-Chip un total de 340 SNPs, que fueron previamente reportados por Marina et al., (2021) como necesarios para imputar la información de microsatélites utilizada en estas dos razas para el control de parentesco. Del mismo modo, probamos las metodologías de selección genómica previamente descritas utilizando este LowD-Chip en la población de validación de la CV seleccionada para verificar la viabilidad de las variantes seleccionadas para estimar los valores genómicos de reproducción en las dos razas ovinas lecheras consideradas. Finalmente, siguiendo a Al Kalaldeh et al., (2019), la proporción de varianza explicada, para cada rasgo analizado por las variantes seleccionadas que componen el LowD-Chip se calculó de la siguiente manera:

$$h^2_{top} = \frac{\sigma^2_{top}}{\sigma^2_{top}+\sigma^2_{50K}+\sigma^2_e},$$

donde, σ^2_{top} y σ^2_{50K} son la varianza genética explicada por el LowD-Chip y el 50K SNP-Chip en el modelo SNP-BLUP, respectivamente.

Para proporcionar una caracterización funcional de los SNPs incluidos en el LowD-Chip, la lista de marcadores se utilizó para la anotación de genes y loci relacionados con caracteres cuantitativos (**QTLs**) de acuerdo con el genoma de referencia Oar_rambouillet_v1.0 utilizando el paquete GALLO R (Fonseca et al., 2020). La región de confianza considerada para la extracción de genes candidatos posicionales y QTLs fue el patrón de decaimiento de desequilibrio de ligamiento (100 Kb) previamente descrito en estas dos razas (Marina et al., 2021a).

Precisión de la imputación

Para realizar la prueba de imputación, aplicamos el procedimiento de CV de 10 iteraciones descrito anteriormente. Los genotipos del SNP-Chip 50K de la población de validación se enmascararon y se imputaron utilizando la información del LowD-Chip utilizando los genotipos del 50K SNP-Chip de la población de entrenamiento como población de referencia. Los SNPs no presentes en el 50K SNP-Chip se imputaron utilizando la información del LowD-Chip y el software BEAGLE 5.1 (Browning et al., 2018) (50 rondas de "burn-in" y 100 iteraciones). Los genotipos que alcanzaron una probabilidad de genotipo (**GP**) superior a 0,80 se consideraron en análisis posteriores.

La precisión de la imputación se evaluó considerando aquellos SNPs que componen el 50K SNP-Chip pero que no fueron seleccionados para el LowD-Chip mediante la estimación de la concordancia del genotipo (C_i), definida como 0 si ninguno de los alelos imputados coincidía con un alelo verdadero, 0,5 si uno de ellos coincidía, y 1 si ambos alelos coincidían con los alelos verdaderos. Esta métrica de precisión de la imputación nos permite establecer los límites de la información genética fiable que se puede imputar mediante este procedimiento a partir del LowD-Chip propuesto en este trabajo. Por tanto, aquellos SNPs que alcanzaron concordancias genómicas superiores a 0,90 se consideraron información genética fiable alcanzable mediante el procedimiento de imputación implementado basado en el LowD-Chip. Sólo aquellas variantes imputadas con una tasa de éxito superior a 0,50 se retuvieron para análisis posteriores. Finalmente, también probamos las diferentes metodologías previamente consideradas (GBLUP, SNP-BLUP, y ssGBLUP) utilizando los genotipos del LowD-Chip junto con las variantes genómicas imputadas para evaluar los beneficios de utilizar las variantes genómicas seleccionadas e imputadas (**LowD-Chip**$_{imp}$) en los programas de cría en estas dos razas de ovejas lecheras. Para esta evaluación, se utilizaron como referencia los GEBV estimados a través de la información del 50K SNP-Chip en toda la población (detallados más adelante).

Métodos de validación

Para evaluar la fiabilidad de los EBV y EBV-genómicos (**(G)EBV**) calculados mediante los diferentes escenarios, se incluyeron en la GRM los animales de la población de validación definida, aunque se excluyeron sus fenotipos. Las precisiones globales de los (G)EBVs, calculados mediante las diferentes metodologías exploradas en este trabajo, se estimaron aplicando cinco enfoques generales diferentes:

En primer lugar, aplicamos la ecuación propuesta por Mrode (2014) para calcular la precisión tradicional (**ACC_T**):

$$ACC_{T_i} = \sqrt{1 - \left(SEP_i^2/\sigma_a^2\right)},$$

donde *i* representa los animales incluidos en este estudio por raza, σ_a^2 representa la varianza genética aditiva de cada rasgo analizado, y el error estándar de predicción (**SEP**) se calcula mediante el enfoque del lado izquierdo inverso (**iLHS**) utilizando el método de resolución Fortran FSPAK (paquete para inversiones de matrices) que pertenece a los programas de la familia BLUPF90.

En segundo lugar, se utilizaron las predicciones de valores genómicos estimados de cría (GEBVs) utilizando el 50K SNP-Chip (**$GEBV_{50K}$**, es decir, no dividido entre entrenamiento y validación) para calcular la correlación de Pearson con el (G)EBV estimado a partir de los diferentes métodos estudiados en este trabajo. Siguiendo a Putz et al., (2018), este parámetro de precisión se definió de la siguiente manera:

$$r = corr((G)EBV_t, GEBV_{50K}),$$

donde (**$G)EBV_t$** era el (G)EBV calculado mediante el procedimiento CV a partir de las metodologías BLUP, ssGBLUP y GBLUP utilizando el 50K SNP-Chip, el LowD-Chip (**$GEBV_{3K}$**) o el (G)EBV calculado a partir de la información genómica tras realizar la imputación del LowD-Chip descrita anteriormente (**$GEBV_{3K_{imp}}$**).

En tercer lugar, aplicamos el método de regresión lineal (**LR**) definido por Legarra y Reverter (2018) para calcular el sesgo ($BIAS_{LR}$), que se definió como la diferencia entre el (G)EBV medio de los individuos del conjunto de poblaciones de validación (w) en comparación con el (G)EBV del conjunto de poblaciones de entrenamiento (p), de la siguiente manera (Alexandre et al., 2021):

$$BIAS_{LR} = \overline{\widehat{u_p}} - \overline{\widehat{u_w}},$$

En cuarto lugar, mediante el método LR, calculamos la dispersión (**Disp$_{LR}$**) para el (G)EBV estimado en el conjunto de población de validación como la pendiente de la regresión de $\widehat{u}_w$ sobre $\widehat{u}_p$:

$$\text{Disp}_{LR} = 1 - \frac{cov\left(\widehat{u}_w, \widehat{u}_p\right)}{var(\widehat{u}_p)},$$

En quinto lugar, se aplicó el método LR para calcular la precisión (ACC_{LR}) del (G)EBV estimado para el conjunto de poblaciones de entrenamiento (**p**), de la siguiente manera (Legarra y Reverter, 2018; Alexandre et al., 2021):

$$ACC_{LR} = \sqrt{\frac{cov(\widehat{u}_w,\widehat{u}_p)}{(1+\bar{F}-2\bar{f})\,\sigma_{g,\infty}^2}},$$

donde F es el coeficiente de consanguinidad medio, $2\bar{f}$ es la relación media entre los individuos incluidos en la GRM, y σ^2 es la varianza genética calculada en equilibrio en una población bajo selección. El método LR es un procedimiento semiparamétrico de estimación de la precisión de los EBV, que fue definido previamente por Legarra y Reverter. (2018), y es capaz de estimar sesgos y precisiones a través de los cambios en (G)EBV del conjunto poblacional de validación (**w**) en comparación con el conjunto poblacional de entrenamiento (**p**). Este método ha demostrado ser fiable en términos de estimación de sesgos y precisiones (Macedo et al., 2020).

Resultados y discusión

El presente estudio tiene como objetivo evaluar los beneficios de la estimación de la precisión de los valores de cría para cinco rasgos lácteos y queseros a través de diferentes metodologías genómicas y comparar los resultados en términos de precisión y eficiencia con los del enfoque BLUP, que se utiliza actualmente en la práctica para la mayoría de las razas de ovejas lecheras. El presente estudio también determina los beneficios potenciales del uso de un LowD-Chip explícitamente diseñado para predecir con precisión los GEBVs para rasgos de producción de leche y rendimiento quesero, representando así el primer paso en la implementación eficiente de GS en los programas de mejora de las razas ovinas lecheras españolas Assaf y Churra. Además, este trabajo también estudia los límites de imputación del LowD-Chip a la densidad del 50K SNP-Chip y su utilidad para las diferentes metodologías. Para evaluar la precisión y eficiencia de las metodologías consideradas en este trabajo, realizamos un procedimiento de CV que incluye la información genotípica del 50K SNP-Chip, del LowD-Chip y del LowD-Chip$_{imp}$.

Estadísticas fenotípicas y filtrado de calidad de los genotipos

Los datos fenotípicos incluidos en los modelos de este análisis se analizaron previamente en detalle para la raza Assaf española, (Sánchez-Mayor et al., 2019), y para la raza Churra, (Pelayo et al., 2021). De los rasgos relacionados con la producción de leche y queso abordados en estos artículos, seleccionamos cinco rasgos para evaluar los modelos de predicción genómica en estas dos razas lecheras. En primer lugar, seleccionamos tres rasgos de producción y composición de la leche: MY, FP y PP. En segundo lugar, seleccionamos el rasgo de tiempo de cuajado (K20) como rasgo representativo del grupo de MCP. El rasgo K20 se ha relacionado previamente con el rendimiento quesero en ovejas Sarda, aunque debido a que esta relación dependía de MY (Pazzola et al., 2014), nos aseguramos de que ambos rasgos fueran seleccionados para el presente estudio. En tercer lugar, seleccionamos el rendimiento quesero individual en laboratorio (ILCY), un predictor útil del rendimiento real del queso (Othmane et al., 2002b) y declarado por diferentes estudios como un buen rasgo indirecto para evaluar la capacidad quesera de las especies lecheras (Othmane et al., 2002a; Cellesi et al., 2019). Tanto el rasgo logK$_{20}$ como el ILCY fueron sugeridos previamente como posibles rasgos candidatos a ser considerados para su futura inclusión en el índice de selección de la raza ovina Assaf con el objetivo de mejorar la capacidad quesera de esta raza, y fueron utilizados junto con el PP debido a su alta correlación genética reportada con el rasgo ILCY (Sánchez-Mayor et al., 2019). Además, los rasgos K20 e ILCY mostraron la mayor heredabilidad de los rasgos MCP y rendimiento quesero, respectivamente, testados en las razas Assaf y Churra (Marina et al., 2020a; Pelayo et al., 2021). La necesidad de considerar los dos tipos de rasgos para una mejora global de la producción lechera viene incentivada por el hecho de que las correlaciones genéticas estimadas en las dos razas entre los rasgos leche y queso no son favorables (Marina et al., 2020a; Pelayo et al., 2021).

Tabla 1. Estadísticas descriptivas de los tres caracteres lecheros y de los dos caracteres queseros medidos en las razas Assaf y Churra.

Raza	Rasgo	Animales	Mínimo	Máximo	Media	Desviación estándar
Assaf	MY	1,039	0.45	6.53	2.89	1.07
	PP	1,039	3.57	7.68	5.05	0.46
	FP	1,039	3.04	10.34	5.56	1.05
	K20	1,039	1.30	20.45	4.27	2.48
	$logK_{20}$	1,039	0.11	1.31	0.57	0.22
	ILCY	1,039	1.36	4.35	2.49	0.41
Churra	MY	981	0.20	4.06	1.72	0.65
	PP	981	3.78	10.10	5.42	0.65
	FP	981	1.68	11.66	6.32	1.54
	K20	981	1.29	58.88	3.38	6.19
	$logK_{20}$	981	0.11	1.77	0.39	0.25
	ILCY	981	1.44	4.30	2.65	0.48

Las estadísticas de los datos fenotípicos correspondientes a las 1.039 y 981 muestras de leche recogidas de las ovejas Assaf y Churra, respectivamente, figuran en la Tabla 1. El 13% y el 3,6% de las muestras de leche incluidas en el estudio para las ovejas Assaf y Churra, respectivamente, no coagularon en los 60 min posteriores a la adición de la enzima coagulante (Sánchez-Mayor et al., 2019; Pelayo et al., 2021) Por lo tanto, estas muestras no tenían valores para los rasgos queseros y no fueron consideradas en análisis posteriores.

En cuanto al control de calidad realizado sobre los genotipos brutos, se filtraron los SNP con un MAF inferior a 0,05 (5.707 SNP) y tasas de genotipado inferiores al 95% (4.378 SNP). Ninguno de los individuos incluidos en este estudio fue descartado por los filtros de calidad. Finalmente, un total de 45.542 SNPs localizados en los 26 autosomas ovinos permanecieron tras el QC y se incluyeron en los análisis descritos a continuación.

Evaluación de los beneficios de la GS en las razas ovinas lecheras españolas

Modelos de predicción genómica. Este estudio se abordó realizando modelos multirasgo individualmente para cada raza, con el objetivo de ajustar nuestros resultados a la práctica real de las asociaciones de cría. En particular, los análisis de modelos multirasgo proporcionan una estimación de los valores de cría más fiable que los análisis de rasgo único, especialmente para rasgos con baja heredabilidad y un número limitado de registros (Henderson y Quaas, 1976; Guo et al., 2014; VanRaden et al., 2014). Además, las diferencias entre el comportamiento de coagulación de las dos razas consideradas, descritas previamente por Pelayo et al., (2021), podrían comprometer la aplicación de análisis multirasgo multirraza.

Tabla 2. Varianzas fenotípicas y genéticas y heredabilidades de cada rasgo analizado mediante el modelo GBLUP basado en el 50K SNP-Chip (GBLUP$_{50K}$) en las razas Assaf y Churra.

Raza	Rasgos	FenoV	SD	σ2	SE	h2	SE[4]
Assaf	MY	0.812	0.037	0.195	0.059	0.240	0.069
	PP	0.158	0.007	0.056	0.012	0.352	0.068
	FP	0.908	0.039	0.061	0.017	0.067	0.019
	logK$_{20}$	0.042	0.002	0.013	0.004	0.315	0.079
	ILCY	0.153	0.008	0.054	0.012	0.353	0.075
Churra	MY	0.277	0.013	0.032	0.014	0.116	0.048
	PP	0.340	0.016	0.081	0.018	0.239	0.046
	FP	1.488	0.072	0.554	0.086	0.372	0.047
	logK$_{20}$	0.065	0.003	0.017	0.004	0.261	0.063
	ILCY	0.172	0.008	0.047	0.010	0.270	0.053

FenoV: varianza fenotípica. SD: desviaciones estándar de los valores fenotípicos de cada rasgo incluido en este estudio. σ2: varianza genética. h2: heredabilidad. SE: error estándar.

La principal diferencia entre las metodologías aplicadas en este trabajo fue la matriz de relaciones implementada en cada modelo. Generalmente, la eficacia de los modelos que incluyen información genómica se basa en la capacidad de **G** (GRM basada en información de marcadores SNP) para aproximarse a las relaciones genéticas entre los individuos, en comparación con **A** (GRM basada en información de pedigrí) (Lourenco et al., 2020). La correlación entre todos los elementos y los elementos no diagonales de las matrices **G** y **A** encontradas en este trabajo fueron de 0,71 y 0,95 para la raza Assaf y de 0,60 y 0,54 para la raza Churra, respectivamente. Estas diferencias entre las matrices de parentesco (**G** y **A**) podrían deberse a que, en la mayoría de los programas de cría de ovinos, el control del parentesco sigue basándose en grupos de apareamiento natural formados por varios múltiples sementales; por lo tanto, normalmente se desconoce la información del pedigrí (Rupp et al., 2016). Además, la precisión y exhaustividad de los pedigríes es una característica crítica para aumentar la tasa de ganancia genética, y los marcadores SNP han demostrado ser útiles para inferir información del pedigrí eficientemente (Rupp et al., 2016). Un estudio previo realizado sobre el pedigrí de la raza Assaf, que integraba 1.450 relaciones parentales, detectó un 1,66% de conflictos utilizando tanto información de microsatélites como de marcadores SNP, lo que puede considerarse bajo para este tipo de sistema de producción (Marina et al., 2021b). Por lo tanto, el uso sistemático del genotipado de SNPs aumentaría la precisión de las relaciones parentales y eliminaría los conflictos parentales del pedigrí. No obstante, el coste del genotipado de SNPs debe tenerse en cuenta y optimizarse de forma eficiente, ya que el genotipado de todos los candidatos para seleccionar cada generación podría no ser rentable para los programas actuales de cría (Habier et al., 2009).

La heredabilidad para los cinco rasgos objeto de estudio osciló entre 0,07 y 0,35 para la raza Assaf y entre 0,12 y 0,41 para la raza Churra (Tabla 2). Estos resultados son consistentes con las estimaciones previamente reportadas para estos parámetros (Othmane et al., 2002c; Sánchez-Mayor et al., 2019; Pelayo et al., 2021), así como con sus respectivas correlaciones fenotípicas y genotípicas, cuyos valores absolutos oscilaron entre 0,03- 0,27 y 0,12- 0,84 para la raza Assaf, y entre 0,09- 0,86 y 0,10- 0,91 para la raza Churra, respectivamente (Tabla 3). Los GEBV calculados mediante esta metodología en toda la población ($GEBV_{50K}$) se compararán con los (G)EBV estimados mediante las diferentes metodologías de GS consideradas en este estudio (BLUP, GBLUP, SNP-BLUP y ssGBLUP) a través del método de CV.

Tabla 3. Estimaciones de la heredabilidad (diagonal en negrita), correlaciones fenotípicas (por encima de la diagonal) y genómicas (por debajo de la diagonal) calculadas mediante el modelo GBLUP basado en el 50K SNP-Chip (GBLUP$_{50K}$) en las razas Assaf y Churra.

Raza	Rasgos	MY	PP	FP	logK$_{20}$	ILCY
	MY	**0.24 (0.07)**	-0.3 (0.03)	-0.03 (0.03)	-0.05 (0.03)	-0.13 (0.03)
	PP	-0.52 (0.19)	**0.35 (0.07)**	0.27 (0.03)	-0.12 (0.03)	0.27 (0.03)
Assaf	FP	-0.34 (0.20)	0.46 (0.15)	**0.07 (0.02)**	-0.02 (0.03)	0.17 (0.03)
	logK$_{20}$	-0.21 (0.21)	-0.12 (0.18)	0.69 (0.14)	**0.32 (0.08)**	-0.05 (0.03)
	ILCY	-0.42 (0.16)	0.6 (0.13)	0.84 (0.09)	0.23 (0.19)	**0.35 (0.07)**
	MY	**0.12 (0.04)**	-0.35 (0.03)	-0.44 (0.03)	-0.09 (0.03)	-0.37 (0.03)
	PP	-0.68 (0.32)	**0.23 (0.05)**	0.49 (0.03)	-0.01 (0.03)	0.61 (0.03)
Churra	FP	-0.26 (0.18)	0.45 (0.12)	**0.41 (0.05)**	0.02 (0.03)	0.77 (0.02)
	logK$_{20}$	0.33 (0.36)	-0.10 (0.18)	-0.10 (0.16)	**0.26 (0.06)**	0.05 (0.03)
	ILCY	-0.18 (0.23)	0.64 (0.10)	0.91 (0.04)	-0.10 (0.18)	**0.29 (0.02)**

Comparación de diferentes estrategias de GS basadas en los genotipos 50K

Este estudio evaluó la precisión de las estimaciones del valor de cría utilizando un conjunto de datos de 50K SNP-Chip a través de diferentes metodologías genómicas (GBLUP, SNP-BLUP, y ssGBLUP), y representa un primer paso para la implementación práctica de GS en los programas de cría de dos razas ovinas lecheras españolas (Assaf y Churra) para rasgos lácteos y de rendimiento quesero.

Como hemos destacado anteriormente, la principal diferencia entre las metodologías de GS consideradas radicaba en cómo se implementaba la matriz de relaciones en los modelos. Las GRM estimadas en este estudio mostraron valores medios en la diagonal y fuera de esta cercanos a los valores esperados de 1 y 0, respectivamente. Los valores medios de los parámetros de precisión obtenidos mediante el procedimiento CV, implementado en este estudio, para cada metodología (BLUP, GBLUP, SNP-BLUP y ssGBLUP) se representan en la Tabla 4. La media del ACC$_T$ aumentó notablemente cuando se incluyó la información genómica en los modelos de estimación de los parámetros genéticos en ambas razas. Los valores de BIAS$_{LR}$ fueron cercanos a 0 para todas las metodologías evaluadas y rasgos incluidos en este estudio en ambas razas. Esto sugiere una ausencia de sesgo entre los grupos de población de entrenamiento y validación del procedimiento de CV. En ausencia de sesgo, el valor esperado de $DISP_{LR}$ es 0. Los valores de este parámetro inferiores a 0 y superiores a 1 indican subdispersión y sobredispersión de los (G)EBV, respectivamente, al comparar la validación con los subconjuntos de población de entrenamiento (Legarra y Reverter, 2018). Los valores de $DISP_{LR}$ no superaron el valor 0 o 1 para ninguna de las metodologías. Sin embargo, los valores más altos se encontraron en ambas razas al aplicar el enfoque BLUP (Tabla 4), fruto de un pedigrí poco profundo (Rupp et al., 2016). En cuanto a las metodologías que se basaban en la información sobre el genotipo proporcionada por el 50K SNP-Chip, la comparación del enfoque GBLUP con la metodología BLUP, utilizada actualmente en los dos programas de mejora, demostró que la ACC_{LR} media se duplicaba cuando la información genómica se implementaba en el modelo. Al comparar estos enfoques, el valor de la correlación (r) fue ligeramente superior al del valor duplicado, mientras que el error estándar (SE) se redujo. Además, una desventaja de la metodología BLUP es que la estimación precisa de los valores de cría depende de la exhaustividad y fiabilidad del pedigrí. Por lo tanto, mediante la metodología BLUP, sólo fue posible estimar con precisión los EBV de todos los animales de la población de validación que estaban relacionados a través del pedigrí con la población de entrenamiento, lo que corresponde al 28% de los animales de la raza Assaf y al 99% de la raza Churra. Este hallazgo pone de manifiesto el carácter incompleto del pedigrí en la población Assaf analizada y, por tanto, el beneficio de incluir información genómica en esta población. Además, la metodología GBLUP puede utilizarse para estimar el GEBV de los animales genotipados en etapas tempranas de la vida cuando se carece de información disponible en los registros fenotípicos. Por lo tanto, debido a su mayor precisión que la información del pedigrí, los datos genotípicos aumentarán rápidamente la ganancia de selección a corto plazo y gestionarán adecuadamente la consanguinidad, ayudando así a optimizar las ganancias de selección a largo plazo (Jannink et al., 2010). Sin embargo, la metodología GBLUP no puede utilizarse para estimar los valores genómicos de cría de los ancestros de los animales genotipados porque, en este método, no se implementa la información del pedigrí.

La comparación de las metodologías basadas en la información del 50K SNP-Chip mostró que los resultados medios de ACC_{LR} y r obtenidos por los métodos GBLUP, SNP-BLUP y ssGBLUP en los animales genotipados eran coincidentes, con 0,36 y 0,52 en la raza Assaf, y 0,41 y 0,60 en la raza Churra, respectivamente (Tabla 4). La coincidencia de estos resultados en las metodologías genómicas concuerdan con estudios previos (Koivula et al., 2012). La similitud de los resultados entre estos 3 métodos puede explicarse por el hecho de que estas metodologías se basan en la misma información genómica (50K SNP-Chip) para calcular el GEBV de los animales genotipados y por el tamaño limitado de los pedigríes, más marcado en la raza Assaf. La ventaja del enfoque SNP-BLUP en comparación con los resultados de GBLUP y ssGBLUP se basa en el hecho de que puede predecirse fácilmente el GEBV de individuos jóvenes y sin fenotipo mediante la suma de los efectos de los SNP (Lourenco et al., 2020). Por último, el método ssGBLUP supera ligeramente la precisión en de los métodos GBLUP y SNP-BLUP, porque ssGBLUP puede integrar información de pedigrí con información genómica, siendo esta su principal ventaja en comparación con las metodologías GBLUP y SNP-BLUP (Aguilar et al., 2010).

La combinación de ambas fuentes de información mediante el método ssGBLUP permite estimar los valores de cría de los ancestros de los animales genotipados incluidos en el pedigrí. Tanto la metodología BLUP como la ssGBLUP son capaces de estimar los EBV de los ancestros. Sin embargo, una comparación de los EBV de estos animales, mostró que (i) el número de animales para los que se estima el valor genómico es menor utilizando el método BLUP, con un 12% en la raza Assaf y un 93% en la raza Churra, debido a su dependencia de la integridad del pedigrí, en comparación con el 100% alcanzado por el ssGBLUP, y (ii) los valores de ACC_T aumentaron notablemente cuando los EBV se calculan mediante el enfoque ssGBLUP, de 0,01 a 0,18 en la raza Assaf *y* de 0,24 a 0,34 en la raza Churra.

Rentabilizar la GS para las razas ovinas españolas

Diseño del SNP-Chip de baja densidad. Para proporcionar una herramienta genómica que ayudará a reducir el coste del genotipado, optimizando al mismo tiempo los recursos económicos, en este estudio diseñamos un LowD-Chip multirraza para las razas lecheras Assaf y Churra. Los SNPs a incluir en el panel LowD se seleccionaron, a partir de la lista de 45.542 SNPs que habían pasado el filtrado QC, y la selección se realizó individualmente por rasgo y raza. Los resultados previamente comunicados por nuestro grupo de investigación sobre regiones genómicas comunes entre las dos razas asociadas con rasgos de producción de leche y queso, junto con la identificación de SNPs pleiotrópicos para estos rasgos (Marina et al., 2021a), destacaron la posibilidad de un diseño multirraza y multirasgo. Este enfoque es mucho más rentable que el uso de un LowD -Chip para cada rasgo de interés. En cambio, la implementación práctica en un programa de GS será más fácil si dos asociaciones de razas están interesadas en el desarrollo comercial del chip de baja densidad diseñado en este estudio.

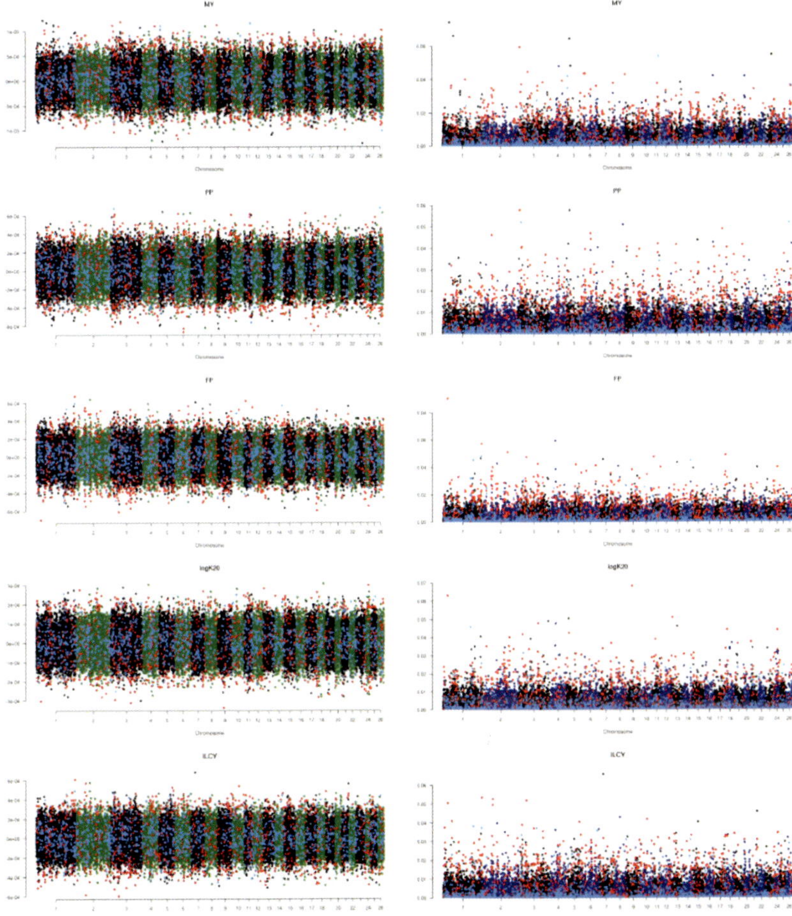

Figura 1. Diagramas de Manhattan que muestran la solución SNP y la varianza explicada para todos los 45.542 SNPs incluidos en el análisis SNP-BLUP para los tres rasgos lácteos y los dos rasgos queseros considerados en la raza Assaf. Los valores de la solución SNP se representan a la izquierda (cromosomas negros/verdes) y la varianza explicada a la derecha (cromosomas negros/azules). El subconjunto de SNPs seleccionados para las razas Assaf y Churra para diseñar el chip de baja densidad se representa en rojo y azul, respectivamente.

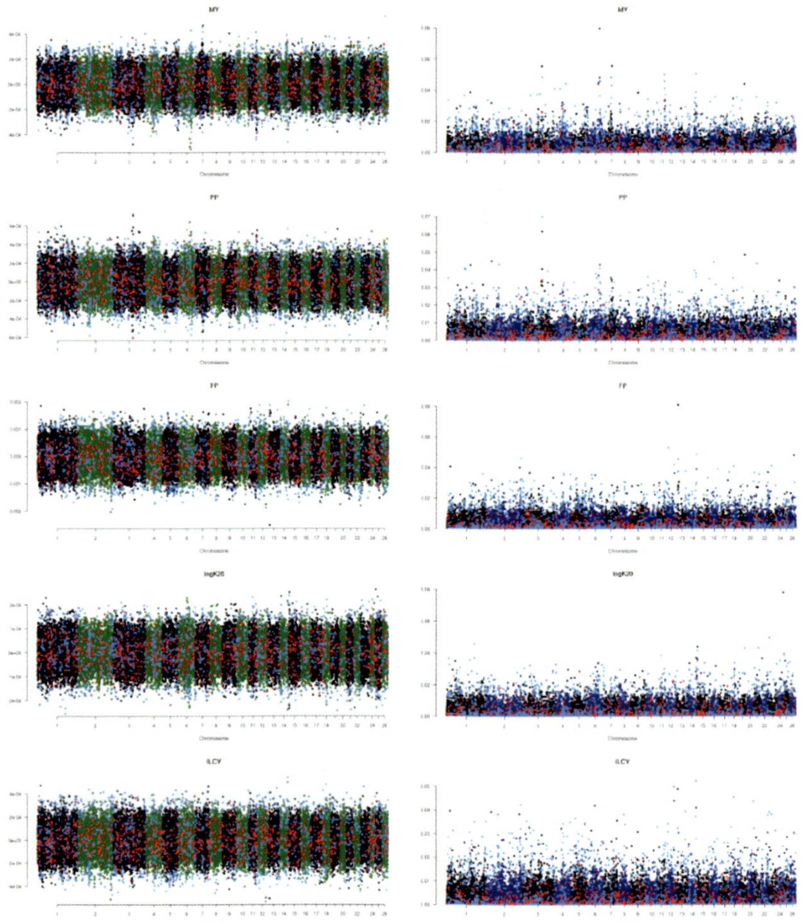

Figura 2. Diagramas de Manhattan que muestran la solución SNP y la varianza explicada para todos los 45.542 SNPs incluidos en el análisis SNP-BLUP para los tres rasgos lácteos y los dos rasgos queseros considerados en la raza Churra. Los valores de la solución SNP se representan a la izquierda (cromosomas negros/verdes) y la varianza explicada a la derecha (cromosomas negros/azules). El subconjunto de SNPs seleccionados para las razas Assaf y Churra para diseñar el chip de baja densidad se representa en rojo y azul, respectivamente.

Como se ha indicado anteriormente, el diseño del LowD SNP-Chip se basó en la información derivada del modelo SNP-BLUP aplicado al conjunto de datos 50K SNP-Chip. Seleccionamos el 2% de los SNPs con mayor efecto asignado y varianza explicada para los 5 rasgos objeto de estudio (Figuras 1 y 2). Basándonos en estos criterios, se seleccionaron un total de 1.366 SNPs en la raza Assaf y 1.565 SNPs en la raza Churra para su inclusión en el LowD-Chip. De estos SNPs, 487 en la raza Assaf y 579 en la raza Churra se encontraron dentro de ese 2% para más de uno de los rasgos estudiados, por lo que se consideró que estos SNPs tenían un efecto pleiotrópico dentro de la raza. Estudios anteriores han descrito efectos pleiotrópicos similares en ovejas y cabras lecheras (Rupp et al., 2015; Martin et al., 2018).

Además, a partir de los SNPs seleccionados, descubrimos que 74 SNPs se seleccionaron en ambas razas, de los cuales 8 poseían un efecto pleiotrópico entre razas. La incorporación de variantes con efectos pleiotrópicos en las estrategias de GS podría conducir a ganancias genéticas más rápidas, específicamente cuando se seleccionan rasgos que son difíciles de medir rutinariamente en las granjas, como los rasgos de elaboración del queso incluidos en este estudio ($\log K_{20}$ e ILCY).

Teniendo en cuenta el interés de vincular la información genotípica con el panel de microsatélites utilizado por la asociación de criadores para las pruebas de filiación durante muchos años, también incluimos en nuestro LowD-Chip un total de 340 SNPs, que han sido identificados como necesarios para lograr una alta precisión en el procedimiento de imputación de marcadores microsatélites en el estudio anterior. De este modo, este LowD-Chip es una herramienta genómica que permite realizar pruebas de parentesco a la vez que proporciona una fuente de información de genotipado SNP rentable para la implementación de GS. Finalmente, el LowD-Chip diseñado en este trabajo consistió en 3.179 SNPs localizados a través de los 26 autosomas ovinos.

En general, la aplicación de GS a programas de mejora multirasgo requiere un aumento del número de SNPs genotipados en la población considerada (Habier et al., 2009). No obstante, la base genómica pleiotrópica subyacente a estos rasgos en ambas razas podría haber ayudado a optimizar el número de SNPs incluidos en este array de baja densidad. La correlación entre los elementos de la diagonal y fuera de ella entre las GRM basados en el 50K SNP-Chip y el LowD-Chip fue de 0,83 y 0,86 para la raza Assaf y de 0,80 y 0,92 para la raza Churra, respectivamente. La proporción de varianza explicada por el LowD-Chip (LD (h^2_{top}) mostró una media de 0,27 y osciló entre 0,09 y 0,33 en la raza Assaf y una media de 0,26 y osciló entre 0,20 y 0,31 para la raza Churra. Los valores de h^2_{top} variaron entre los caracteres incluidos en este trabajo en función de sus respectivas heredabilidades estimadas (Tabla 2).

Finalmente, para la caracterización funcional del propuesto LowD-Chip, consideramos el patrón de decaimiento de desequilibrio de ligamiento (100 Kb) reportado para estas dos razas (Marina et al., 2021a). Por lo tanto, establecimos una región de confianza (±100 Kb) desde cada posición de los 2.809 SNPs seleccionados del modelo SNP-BLUP durante el diseño del LowD SNP-Chip. Dentro de las regiones de confianza definidas, habían previamente descritos un total de 176 QTLs en ovejas para los rasgos de producción de leche y rendimiento quesero mediante análisis de asociación (base de datos SheepQTL, http://www.animalgenome.org/cgi-bin/QTLdb/OA/index). Además, se localizaron un total de 5.707 genes dentro de las regiones de confianza de los SNPs según el genoma de referencia ovino Oar_rambouillet_v1.0, de los cuales 17 coinciden con la lista de 44 genes candidatos posicionales y funcionales (**PFC**) relacionados con los rasgos de producción de leche y queso previamente reportados para estas dos razas (Marina et al., 2021a). Aunque la identificación de los genes candidatos que conducen a la variabilidad genética de los rasgos analizados no es el propósito del presente estudio, nos gustaría destacar que, dentro del subconjunto de genes aquí identificados, encontramos un factor de transcripción (**TF**) (gen *EGR2*) y tres factores de cotranscripción (**CF**) (genes *ACTB*, *BCAS3* y *CCNT1*), genes TF y CF, que se consideran reguladores potenciales de las vías relacionadas con la red génica. También cabe mencionar que los genes *PTHLH* y *SLC2A2* que codifican una hormona similar a la hormona paratiroidea y un miembro de la familia de transportadores de solutos, ambos incluidos en la base de datos de genes candidatos para caracteres de producción láctea de Ogorevec et al., (2009). Por último, el gen *CSNK1G3*, relacionado con la composición de la leche en vacuno lechero (Buitenhuis et al., 2016), y el gen *LALBA*, asociado con los contenidos de proteína y grasa de la leche en ovejas lecheras (García-Gámez et al., 2012) también se incluyeron en el subconjunto de genes localizados dentro de las regiones de confianza. La incorporación de los marcadores seleccionados, que se encuentran dentro de la región de confianza de los genes propuestos como genes PFC, en las estrategias de GS podría aumentar las ganancias genéticas, específicamente para los rasgos que son difíciles de medir (Misztal et al., 2021).

En cuanto a la evaluación de las diferentes estrategias de GS con el LowD-Chip, debemos considerar que la principal diferencia entre los modelos genómicos implementados en este trabajo radica en si el cálculo de la GRM se basa en la información del 50K SNP-Chip o en la del LowD-Chip. Comparando los resultados obtenidos mediante la información genómica de ambos chips, observamos una ligera variación en la media de los valores ACC_{LR} y un aumento en la media de los valores ACC_{T} al implementar esta información genómica en los modelos GBLUP, SNP-BLUP y ssGBLUP. El aumento de los valores de ACC_T podría explicarse por la reducción de la variabilidad genética en la GRM calculada mediante la información genómica de LowD-Chip; por lo tanto, consideramos que el parámetro ACC_{LR} es un enfoque más fiable. Incluso pequeñas mejoras en la precisión de la estimación del EBV son importantes para la cría y la producción (Liu et al., 2020). La inclusión de variantes candidatas podría ser la razón del aumento observado en las precisiones del GEBV y también podría reducir el sesgo de estas predicciones genómicas (Al Kalaldeh et al., 2019). Como se muestra en la Tabla 4, la precisión obtenida al implementar la información genómica del LowD-Chip en los modelos genómicos es sustancialmente mayor que la obtenida por el enfoque de selección clásico (BLUP) en ambas razas. Del mismo modo, el enfoque ssGBLUP basado en la información del LowD-Chip puede estimar con precisión los valores EBV de todos los animales incluidos en el pedigrí, al tiempo que aumenta los valores ACC_T obtenidos en comparación con la metodología BLUP para estimar los valores de cría de los ancestros. Finalmente, teniendo en cuenta que se espera que los marcadores de microsatélites en ovino sean sustituidos por conjuntos de marcadores SNP en un futuro próximo (Barillet, 2007), el LowD-Chip ha sido diseñado para imputar la información alélica de los microsatélites de acuerdo con nuestro trabajo anterior, apoyando así la transición entre las dos tecnologías de genotipado.

Precisión de la imputación de chips de baja densidad

La disponibilidad de LowD-Chips ofrece la opción de ampliar la información genómica mediante procedimientos de imputación de SNP. Estudios anteriores han detallado la mejora que puede lograrse utilizando una población de referencia de varias razas durante el procedimiento de imputación (Bolormaa et al., 2015). Sin embargo, dado que el objetivo de este estudio era realizar análisis realistas y ajustados a la práctica comercial real, realizamos el procedimiento de imputación para cada raza individualmente.

A partir de los 45.542 SNP que superaron el control de calidad, el procedimiento de imputación estimó la información genética de todas las variantes del 50K SNP-Chip. El filtrado de calidad redujo la tasa de genotipado de la información imputada a 0,22 en ambas razas. En la Figura 3 se muestran las tasas de concordancia y de llamadas de las variantes imputadas que superaron el filtrado de calidad GP. La tasa media de concordancia de los genotipos imputados fue 0,93 y 0,94 para las razas Assaf y Churra, respectivamente. Del total de variantes con información genómica imputada, aquellas variantes imputadas con una tasa de genotipado superior a 0,5 y tasas de concordancia superiores a 0,90 se consideraron información genómica fiable que podía estimarse mediante este procedimiento, resultando un conjunto final de 8.169 SNPs en la raza Assaf y 8.070 SNPs en la raza Churra. Las tasas de genotipado más bajas encontradas en los SNP imputados se deben al filtro de calidad GP. A continuación, la información imputada fiable junto con la información genómica de LowD-Chip se incluyeron en los modelos de predicción genómica. En el presente estudio, aplicamos la tasa de concordancia para mantener solo la información genómica más fiable con el fin de lograr la predicción genómica más precisa posible, siguiendo estudios de imputación anteriores realizados en ovejas (Ventura et al., 2016; Raoul et al., 2017; O'Brien et al., 2019).

Por último, las variantes imputadas de alta calidad mostraron una tasa de concordancia media y una desviación estándar de 0,99±0,02 en ambas razas, superando así los umbrales de 0,95 descritos como un valor aceptable por Raoul et al., (2017). Como se destacó en un estudio previo en ovino (Hayes et al., 2012), utilizar únicamente información imputada con precisión es crucial para obtener estimas precisas de los EBV.

Además, el procedimiento de imputación redujo sustancialmente la distancia media de separación entre los SNP de aproximadamente 817 Kb a 320 Kb en ambas razas tras incluir las variantes imputadas de alta calidad junto con el LowD-Chip. Cuando comparamos la proporción de varianza explicada por el LowD-Chip h^2_{top} y esta con la información imputada fiable (LowD-Chip$_{imp}$ h^2_{top}), observamos solo un ligero aumento en la proporción de la varianza explicada. Estas diferencias marginales en los valores h^2_{top} pueden explicarse por el hecho de que las correlaciones entre los elementos de la diagonal y fuera de ella de la GRM basada en el LowD-Chip y la GRM basada en el LowD-Chip$_{imp}$ fueron superiores a 0,99 en ambas razas. Por lo tanto, sus correlaciones entre los elementos de la GRM fueron similares a las descritas previamente para entre el LowD-Chip y el 50K SNP-Chip. No obstante, la información imputada junto con el conocimiento de su fiabilidad podría ser útil en la estimación de los efectos del SNP y será útil para estudios posteriores centrados en la estimación del desequilibrio de ligamiento, la estimación del tamaño de las regiones de homocigosis y la realización de análisis de asociación del genoma y evaluaciones genómicas (Chitneedi et al., 2017; Al Kalaldeh et al., 2019; Moghaddar et al., 2019; Yoshida y Yáñez, 2021).

Tabla 4. Valores medios de los parámetros de precisión aplicados por cada metodología para la estimación de los valores de cría evaluados en este estudio.

Raza	Metodología	Información	ACC_T (SD)	$DISP_{LR}$ (SE)	$BIAS_{LR}$ (SE)	ACC_{LR}	r (SE)
ASS	BLUP	Pedigrí	0.286 (0.11)	0.863 (0.04)	-0.011 (0.01)	0.181	0.216 (0.06)
	GBLUP	50K SNP-Chip	0.356 (0.09)	0.697 (0.02)	0.002 (0.01)	0.361	0.520 (0.03)
		LowD-Chip	0.586 (0.04)	0.482 (0.10)	0.004 (0.02)	0.369	0.460 (0.09)
		LowD-Chip$_{imp}$	0.590 (0.04)	0.484 (0.10)	0.004 (0.02)	0.367	0.461 (0.09)
	ssGBLUP	50K SNP-Chip	0.357 (0.09)	0.697 (0.02)	0.002 (0.01)	0.361	0.520 (0.03)
		LowD-Chip	0.585 (0.04)	0.482 (0.10)	0.004 (0.02)	0.369	0.460 (0.09)
		LowD-Chip$_{imp}$	0.590 (0.04)	0.484 (0.10)	0.004 (0.02)	0.367	0.461 (0.09)
	SNPBLUP	50K SNP-Chip	0.356 (0.09)	0.696 (0.02)	0.002 (0.01)	0.361	0.521 (0.03)
		LowD-Chip	0.588 (0.04)	0.489 (0.10)	0.003 (0.02)	0.373	0.459 (0.09)
		LowD-Chip$_{imp}$	0.590 (0.04)	0.484 (0.10)	0.004 (0.02)	0.367	0.461 (0.09)
CHU	BLUP	Pedigrí	0.346 (0.10)	0.849 (0.02)	0.014 (0.01)	0.245	0.255 (0.03)
	GBLUP	50K SNP-Chip	0.426 (0.08)	0.594 (0.02)	0.001 (0.01)	0.408	0.597 (0.03)
		LowD-Chip	0.589 (0.07)	0.385 (0.11)	0.019 (0.02)	0.395	0.494 (0.09)
		LowD-Chip$_{imp}$	0.592 (0.07)	0.387 (0.11)	0.021 (0.02)	0.393	0.496 (0.09)
	ssGBLUP	50K SNP-Chip	0.419 (0.08)	0.591 (0.02)	0.002 (0.01)	0.413	0.599 (0.03)
		LowD-Chip	0.588 (0.07)	0.385 (0.11)	0.020 (0.02)	0.399	0.494 (0.09)
		LowD-Chip$_{imp}$	0.589 (0.07)	0.386 (0.11)	0.021 (0.02)	0.395	0.496 (0.09)
	SNPBLUP	50K SNP-Chip	0.427 (0.08)	0.593 (0.02)	0.001 (0.01)	0.409	0.599 (0.03)
		LowD SNP-Chip	0.590 (0.07)	0.386 (0.11)	0.019 (0.02)	0.395	0.494 (0.09)
		LowD-Chip$_{imp}$	0.592 (0.06)	0.387 (0.11)	0.021 (0.02)	0.392	0.496 (0.09)

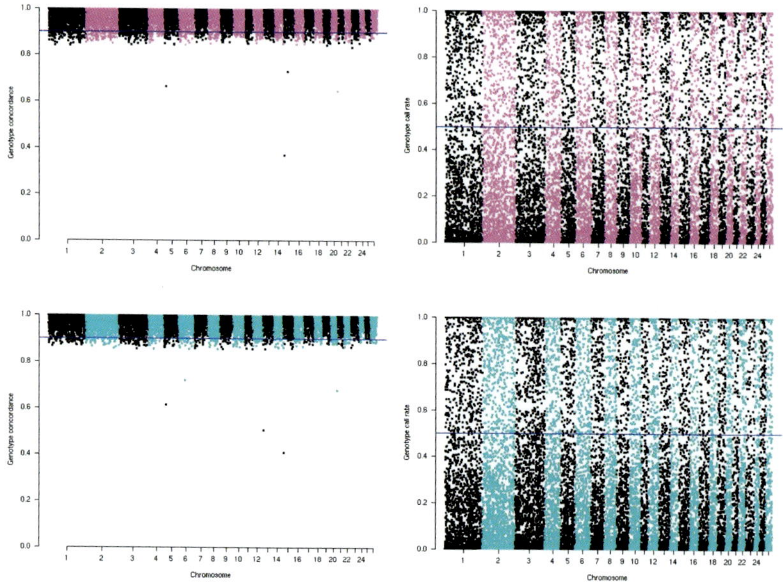

Figura 3. Diagramas de Manhattan que muestran las estadísticas de imputación para todos los SNPs imputados en este estudio utilizando la información del LowD-Chip en las razas Assaf y Churra. Los resultados de concordancia del genotipo se representan en el lado izquierdo y las tasas de genotipado se representan en el lado derecho para la raza Assaf (colores rosa/negro), y la raza Churra (colores azules/negro). Los umbrales de calidad para el parámetro de concordancia del genotipo (0,90) y la tasa de genotipado (0,50) se representan como líneas azules horizontales.

Validación del conjunto de datos 50K imputados. Este estudio también abordó la posibilidad de realizar la imputación de genotipos para aumentar el número de marcadores SNP de los animales genotipados con el LowD-Chip, sin aumentar el coste del genotipado. La alta correlación (0,99) de los GRM estimados con los genotipos reales del LowD-Chip y los genotipos imputados añadidos al LowD SNP-Chip (LowD-Chip$_{imp}$) apoya la fiabilidad de los genotipos imputados ya que no afectaron a la estimación de los valores de la GRM (Hayes et al., 2012a). Por lo tanto, el procedimiento de imputación no aumentó los valores medios de ACC$_T$ o ACC$_{LR}$ en comparación con el LowD-Chip. No obstante, la imputación proporcionaría más información genómica sin coste adicional, aumentando la posibilidad de descartar pruebas de parentesco basadas en SNPs e información para futuros estudios genómicos.

Así pues, las variantes imputadas de alta calidad deberían tenerse en cuenta en los datos genómicos totales disponibles mediante el uso del LowD-Chip descrito en este estudio.

En resumen, en este trabajo demostramos que, para las dos razas ovinas lecheras, Churra y Spanish Assaf, el modelo de evaluación genética ssGBLUP tiene un gran potencial para los rasgos de producción/composición de leche y rendimiento quesero, siendo este método muy superior a la metodología BLUP tradicional, actualmente implementada en los programas de mejora de estas dos poblaciones ovinas. Además, no hubo diferencias notables entre los GEBV estimados a través de los modelos genómicos basados en la información del 50K SNP-Chip y los estimados basados en la información del LowD-Chip propuesto. El uso de esta información genómica derivada de este LowD-Chip también sobrepasó los parámetros de precisión de la metodología BLUP. Estos resultados sugieren que la implementación de este LowD-Chip, dentro de las estrategias de selección de las dos razas consideradas puede proporcionar claras ventajas para los programas de cría de ovejas lecheras.

Conclusiones

La aplicación de la GS en la estructura de cría actual de las razas ovinas Churra y Assaf española, mediante los modelos GBLUP y SNP-BLUP, aumentaría en gran medida la precisión de los valores de cría estimados y, por tanto, la ganancia genética. Además, el uso del modelo ssGBLUP permitiría estimar con precisión los valores de cría de los ancestros incluidos en el pedigrí. El LowD-Chip diseñado en este trabajo ha demostrado ser una herramienta genómica fiable y eficaz para estimar los valores genómicos de cría (GEBVs) para rasgos de producción de leche y rendimiento quesero, a la vez que rentable. A su vez, el LowD -Chip también permite la imputación de información de marcadores microsatélites y la verificación del parentesco, lo que es esencial para su aplicación práctica en los programas de selección. La inclusión de esta herramienta asequible podría incrementar potencialmente las ganancias genéticas en los programas de cría de las dos razas ovinas lecheras españolas aquí consideradas.

CAPÍTULO VI. DISCUSIÓN

Como se ha indicado en la Introducción, el desarrollo tecnológico de las herramientas genómicas y el abaratamiento de estas ha permitido su utilización en los proyectos de investigación y su aplicación en los programas de mejora genética, en la especie ovina. Por ello, se ha planteado el presente trabajo con objeto fundamental de evaluar el uso de herramientas genómicas en los programas de mejora del ganado ovino, concretamente en la mejora para nuevos caracteres relacionados con el rendimiento quesero y las propiedades de coagulación de la leche.

ESTUDIO DE LA APLICABILIDAD DE HERRAMIENTAS GENÓMICAS Y METODOLOGÍAS BIOINFORMÁTICAS EN EL GANADO OVINO LECHERO

Desarrollo de herramientas bioinformáticas para la imputación de genotipos de marcadores microsatélites utilizando los genotipos de las plataformas de SNPs

Los sistemas de selección tradicional actuales contemplan el uso de marcadores tipo microsatélites para el control de parentesco (Carta et al., 2009), los cuales han sido los marcadores de elección en las últimas décadas para este tipo de pruebas, debido a su alto polimorfismo (Chambers and MacAvoy, 2000). Tras su uso prolongado la industria posee un registro de estos marcadores para aquellos animales incluidos en el libro genealógico. No obstante, dadas las ventajas que ofrecen los marcadores tipo SNP, en comparación con los marcadores microsatélites, hace que su interés esté aumentando por parte de la industria, ya que reducen los errores de genotipado y ofrecen una distribución uniforme a lo largo del genoma (Carta et al., 2009; Glover et al., 2010; Zhang et al., 2013). Estos marcadores, no solo pueden sustituir a los marcadores microsatélites en las pruebas de parentesco (Strucken et al., 2016), sino que además, permiten la implementación de la selección genómica en los programas de cría (Brito et al., 2017; Cesarani et al., 2019; Lillehammer et al., 2020).

Para evitar el coste del doble genotipado (microsatélites y SNPs) en el ganado ovino y con objeto de facilitar la implementación de la información genómica en el sector, el presente trabajo describe una metodología de imputación de los genotipos de los marcadores microsatélites a partir de los genotipos de los marcadores tipo SNPs (Capítulo IV). Esta metodología ha resultado ser eficiente y fiable alcanzando ratios de concordancia de 97% entre la información de los genotipos de los marcadores microsatélites imputada y la real. La información genotípica imputada puede ser utilizada perfectamente para el control del parentesco en el ganado ovino, ya que ha demostrado tener un a tasa de asignación correcta de la relación filial del 99,55%, sin posibilidad de que la relación de parentesco sea asignada de manera incorrecta. Este estudio concluyó que serían necesarios un total de 364 SNPs para realizar el procedimiento de imputación de los genotipos de los microsatélites correctamente, presentando un nivel de concordancia del 96,20%, y un total, de 1.407 SNPs para realizarlo de la manera más precisa y óptima (97%). Estos SNPs necesarios para realizar esta metodología se podrían incluir en un chip de SNPs de baja densidad (LowD-Chip) lo que abarataría los costes de genotipado, permitiría la realización de la imputación de microsatélites y el control de parentesco y, además, su uso favorecería la inclusión de la información genómica en los programas de selección.

Utilización de la secuenciación masiva paralela para la identificación de variantes en regiones con genes de interés económico en el ganado ovino

La posibilidad de diseñar chips a medida, enfatizan la importancia del estudio de variabilidad de las regiones genómicas relacionadas con los caracteres de rendimiento quesero y las propiedades de coagulación de la leche de oveja. Previos estudios de investigación han identificado variantes en genes candidatos funcionales tales como las caseínas y las proteínas del lactosuero, relacionadas con el contenido graso y proteico de la leche (Moioli et al., 1998; Martin et al., 2002). Este trabajo pretende abordar el estudio de la variabilidad de genes candidatos, mediante la tecnología de secuenciación masiva en las razas Assaf y Churra, con el propósito de identificar polimorfismos con consecuencias funcionales en la actividad metabólica de los genes candidatos, previamente relacionados con los caracteres de interés (Capítulo III). El estudio de la secuenciación genómica completa de estas razas identificó un total de 16.960 variantes, tipo SNPs, en los 24 genes candidatos funcionales (caseínas, proteínas del lactosuero y genes relacionados con la síntesis de grasa) incluidos en el trabajo, de las cuales 47 fueron consideradas a través de un análisis *in silico* funcionalmente relevantes. Veinte de las variantes funcionales no habían sido identificadas hasta el momento de realización de este estudio y, por tanto, no estaban identificadas en la base de datos pública "dbSNP" (https://www.ncbi.nlm.nih.gov/snp/). Dada la importancia de los genes candidatos estudiados en la producción y la composición de la leche, las variantes descritas anteriormente podrían afectar a la expresión y la funcionalidad de las proteínas codificadas y, por tanto, a las rutas metabólicas en las que están involucradas. Sin embargo, la variabilidad de las variantes con consecuencias funcionales es menor que las variantes localizadas en regiones no codificantes, siendo estas las que generalmente tienen mayor efecto asociado a los caracteres cuantitativos, dado que se encuentran en desequilibrio de ligamiento con la variantes causales (Tribout et al., 2020). No obstante, si la variante funcional tiene una consecuencia directa y modifican realmente la función de la proteína codificante, como es el caso de la variante descrita en el gen *LALBA* (García-Gámez et al., 2012), podría ser de especial interés para la predicción de los fenotipos complejos. Por lo tanto, la lista de variantes funcionales presentadas por este estudio, podrían ser de utilidad a la hora de orientar el diseño de chips de SNPs a la carta, enfocados a aumentar la eficiencia de los programas de mejora genética del ganado ovino lechero (Rupp et al., 2016).

Estimación de los caracteres de rendimiento quesero y las propiedades de coagulación de la leche de oveja a partir de los registros del control lechero oficial

Los esquemas actuales de los programas de selección del ganado ovino lechero están centrados en la evaluación de parámetros relacionados con la producción y composición de la leche, los cuales se registran a partir del control lechero oficial (Barillet, 1997; Carta et al., 2009). Sin embargo, la importancia del rendimiento quesero de la leche de oveja ha favorecido el estudio de nuevos caracteres relacionados con las propiedades de coagulación de la leche y los caracteres de rendimiento quesero. Estos caracteres están directamente relacionados con el producto final, no obstante, su medición no puede ser implementada en los registros del control lechero oficial, a causa de su coste y el tiempo necesario de procesamiento de las muestras en el laboratorio (Sanchez et al., 2019). Un estudio previo a este trabajo describió una técnica de imputación de fenotipos múltiples capaz de predecir con una correlación mayor a 0,60, cinco de los siete caracteres relacionados con las propiedades de coagulación de la leche y rendimiento quesero estudiados (A30, A60, $logK_{20}$, logRCT/A60, y RCT) (Marina et al., 2020b). El aumento de registros de estos caracteres de interés facilitaría la inclusión de estos en los programas de selección del ganado ovino lechero. Un estudio realizado en vacuno de carne ha demostrado que la precisión en el cálculo de los valores genómicos de cría no se ve afectada cuando se utiliza la información estimada a través de la imputación múltiple (Alexandre et al., 2022). Este hecho refuerza la posibilidad de aplicar la imputación múltiple para incrementar el número de registros de los caracteres relacionados con las propiedades de coagulación y rendimiento quesero de la leche de oveja, facilitando, por un lado, la inclusión de estos caracteres en los programas de cría del ganado ovino lechero y, por otro, el estudio de su base genética mediante análisis de asociación y la identificación de las variantes genómicas relacionadas con estos caracteres, lo que en última instancia se podría también aplicar a los modelos de predicción de estos fenotipos.

Ventajas de la inclusión de la información genómica en los programas actuales de selección del ganado ovino lechero de raza Assaf y Churra

Estudio de las metodologías de estimación de los valores de cría

La incorporación de la información genómica en los programas de selección del ganado ovino lechero suele incrementar la ganancia genética de estos programas (Shumbusho et al., 2013). Una de las principales justificaciones para incluir esta información en los modelos es reducir el impacto negativo del escaso uso de la inseminación artificial en el ganado ovino, que suele ir unida a una reducción de la precisión del pedigrí (Rupp et al., 2016) y, como consecuencia, a una menor precisión en la estimación de los valores de cría (EBV). En el Capítulo V se han evaluado diferentes alternativas de inclusión de la información genómica con objeto de conocer la más eficiente para estimar los EBVs de caracteres de producción de leche y de caracteres tecnológicos en el ganado ovino.

Al incorporar la información genómica, la precisión del cálculo de los EBV genómicos (GEBV) en la población se duplicó en comparación con el método de selección tradicional (BLUP). Este incremento en la precisión se debe a que información genómica permite una mejor estimación de la relación genómica entre grupos de hermanos completos (VanRaden, 2008). La información genómica se puede incluir en el modelo para calcular la matriz de relaciones genómicas, sola mediante los modelos GBLUP o SNP-BLUP, o bien mediante su combinación con la información del pedigrí a través del método ssGBLUP.

Esta última metodología, que integra la información genotípica y del pedigrí, es la única de las tres que permite estimar directamente el valor genómico de los animales no genotipados e incluidos en el pedigrí. Las metodologías GBLUP y SNP-BLUP solo utilizan la información genotípica para calcular la matriz de relaciones genómicas y, por tanto, la información de los animales no genotipados no puede ser implementada en el modelo, obligando a realizar la estimación de los valores de cría de estos animales en un paso adicional, lo cual incrementa el sesgo de su estimación. En este estudio se ha observado un incremento en la precisión (ACC_{LR}) del cálculo de los (G)EBV cuando comparamos las metodologías BLUP y ssGBLUP, tanto como para la raza Assaf de 0,18 (BLUP) a 0,36 (ssGBLUP), como para la raza Churra de 0.25 (BLUP) a 0.41 (ssGBLUP). Por otra parte, se observa el mismo aumento en la precisión (ACC_T) de la estimación de los EBV en los animales no genotipados e incluidos en el registro del pedigrí cuando comparamos ambas metodologías, desde 0.01 a 0.18 en la raza Assaf y desde 0.24 a 0.34 en la raza Churra, para los modelos BLUP y ssGBLUP, respectivamente. Por estas razones, la metodología ssGBLUP se ha convertido en la herramienta de elección para la evaluación genómica en muchas especies ganaderas (Martin et al., 2018; Weller & Ron, 2011). Considerando estos resultados, el presente estudio propone implementar esta metodología en el ganado ovino lechero como método para incrementar la ganancia genética de los programas de cría actuales.

Evaluación de la utilidad de un chip de baja densidad en poblaciones comerciales de las razas Assaf y Churra

La inclusión de la información genómica en los programas de cría del ganado ovino lechero está limitada por los costes económicos asociados al genotipado de los animales con chips de SNPs de media densidad. No obstante, estos costes de genotipado se pueden reducir ampliamente si la información genotípica se obtiene a partir un chip de baja densidad (LowD-Chip) en lugar de utilizar un chip de media densidad (Habier et al., 2009). Por este motivo, este trabajo evaluó los beneficios de la utilización de un LowD-Chip para la estimación de los valores genómicos de cría en el ganado ovino lechero.

El Capítulo V, describe el diseño *in silico* de un LowD-Chip formado por un total de 3.179 SNPs localizados a lo largo de los 26 autosomas ovinos. Estos SNPs se seleccionaron a partir de aquellos que evidenciaron un mayor efecto y una mayor proporción de varianza genética explicada en los cinco caracteres considerados más relevantes de los catorce caracteres de producción, composición y eficiencia quesera de la leche ovina. La precisión de los GEBV calculados a través del modelo propuesto para el ganado ovino (ssGBLUP), ha demostrado ser igualmente precisa, en comparación con la utilización de todos los marcadores del chip de media densidad. Además, con el objetivo de maximizar la información genómica proporcionada por este LowD-Chip, este estudio detalla aquellas variantes que, mediante el proceso de imputación, se pueden estimar con una fiabilidad superior al 95%, reduciendo de esta manera el espacio entre marcadores desde 817 Kb a 320 Kb, aproximadamente en ambas razas.

El Capítulo V utiliza el conocimiento generado por los estudios anteriores para diseñar y evaluar un chip de SNPs de baja densidad, no específico de raza, cuyo objetivo principal es facilitar la implantación de la selección genómica de manera práctica y rentable y así, incrementar la ganancia genética de los programas de cría del ganado ovino lechero.

CAPÍTULO VII. CONCLUSIONES

1. La metodología de imputación de los genotipos de marcadores micro-satélites, a partir de la información de un chip de SNPs de baja densidad, ha demostrado ser altamente precisa, lo que facilita la transición entre estas tecnologías en el control de parentesco y favorece la inclusión de los marcadores SNPs en los programas de cría.

2. La secuenciación masiva paralela, ha permitido identificar *in silico* nuevas variantes localizadas en genes funcionalmente relevantes. La inclusión de estos polimorfismos en los chips de genotipado, podrían aumentar la eficacia de las estrategias de selección genómica en el ganado ovino lechero.

3. Se ha demostrado que la inclusión de la información genómica mediante el método ssGBLUP en los programas de cría actuales de las razas de ganado ovino lechero Assaf y Churra, aumenta en gran medida la precisión de los valores de cría estimados, permitiendo, a su vez, estimarlos en los ancestros de los animales genotipados incluidos en el pedigrí.

4. Se ha diseñado un chip de baja densidad capaz de predecir de manera precisa los valores genéticos de los animales para los caracteres de producción de leche y de rendimiento quesero en las razas ovinas Assaf y Churra. Este chip es, además, altamente eficaz en la imputación de los genotipos de los microsatélites y además a petición de las asociaciones incluye el genotipado de enfermedades genéticas de gran relevancia para los programas de cría del ganado ovino.

5. A día de la presentación de este trabajo, el chip desarrollado y las metodologías detalladas han sido exitosamente implementados en la industria ovina láctea. Este avance ha posibilitado que las asociaciones ganaderas de la provincia de León puedan aprovechar las ventajas de la selección genómica y la utilización de marcadores tipo SNPs sin necesidad de realizar una inversión inicial. Este logro representa un paso importante hacia la mejora genética del ganado ovino y contribuye al desarrollo sostenible de la industria en la región.

CAPÍTULO VII. REFERENCIAS

Aguilar, I., I. Misztal, D.L. Johnson, A. Legarra, S. Tsuruta, and T.J. Lawlor. 2010. Hot topic: a unified approach to utilize phenotypic, full pedigree, and genomic information for genetic evaluation of Holstein final score. J. Dairy Sci. 93:743–52. doi:10.3168/jds.2009-2730.

Al Kalaldeh, M., J. Gibson, N. Duijvesteijn, H.D. Daetwyler, I. Macleod, N. Moghaddar, S.H. Lee, and J.H.J. Van Der Werf. 2019. Using imputed whole-genome sequence data to improve the accuracy of genomic prediction for parasite resistance in Australian sheep. Genet Sel Evol 51:32. doi:10.1186/s12711-019-0476-4.

Alexandre, P., L. Porto-Neto, and A. Reverter. 2022. Does multiple phenotype imputation improve the accuracy of genomic predictions?. Unpubl. Manuscr.

Alexandre, P.A., Y. Li, B.C. Hine, C.J. Duff, A.B. Ingham, L.R. Porto-Neto, and A. Reverter. 2021. Bias, dispersion, and accuracy of genomic predictions for feedlot and carcase traits in Australian Angus steers. Genet. Sel. Evol. 2021 531 53:1-10. doi:10.1186/S12711-021-00673-8.

Altschul, S.F., W. Gish, W. Miller, E.W. Myers, and D.J. Lipman. 1990. Basic local alignment search tool. J. Mol. Biol. 215:403-410. doi:10.1016/S0022-2836(05)80360-2.

Andrews, S., F. Krueger, A. Seconds-Pichon, F. Biggins, and S. Wingett. 2015. FastQC. A quality control tool for high throughput sequence data. Babraham Inst. 1:1.

Ángeles Pérez-Cabal, M., E. Legaz, I. Cervantes, L. Fernando De La Fuente, R. Martínez, F. Goyache, and J. Pablo Gutiérrez. 2013. Association between body and udder morphological traits and dairy performance in Spanish Assaf sheep Open Access. Arch. Tierzucht 56:29. doi:10.7482/0003-9438-56-042.

Astruc, J., F. Barillet, A. Barbat, V. Clément, and D. Boichard. 2002. Genetic evaluation of dairy sheep in France. Pages 01-45 in 7th World Congr. Genet. Appl. Livest. Prod., Montpellier, France. Commun. INRA, Castanet-Tolosan, France.

Astruc, J.M., F. Barillet, A. Carta, D. Gabina, E. Manfredi, B. Moioli, A. Piacere, A.M. Pilla, S. Sanna, J.P. Sigwald, and E. Ugarte. 1994. Use of the animal model for genetic evaluation of dairy sheep and goats in several ICAR member countries. Pages 271-275 in Proc. 29th Biennial Session of International Committee for Animal Recording (ICAR). EAAP publication no. 75. Wageningen, Pers, Wageningen, the Netherlands, Ottawa, Ontario, Canada.

Barillet, F. 1997. Genetics of milk production. L. Piper and A. Ruvinsky, ed. CAB International, Wallingford, UK.

Barillet, F. 2007. Genetic improvement for dairy production in sheep and goats. Small Rumin. Res. 70:60-75. doi:10.1016/J.SMALLRUMRES.2007.01.004.

Barillet, F., J.-J. Arranz, and A. Carta. 2005. Mapping quantitative trait loci for milk production and genetic polymorphisms of milk proteins in dairy sheep. Genet. Sel. Evol. 37 Suppl 1:S109-23. doi:10.1051/gse:2004033.

Bencini, R. 2002. Factors affecting the clotting properties of sheep milk. J. Sci. Food Agric. 82:705-719. doi:10.1002/jsfa.1101.

Berry, D.P., and J.F. Kearney. 2011. Imputation of genotypes from low- to high-density genotyping platforms and implications for genomic selection. animal 5:1162-1169. doi:10.1017/S1751731111000309.

Bionaz, M., and J.J. Loor. 2008. Gene networks driving bovine milk fat synthesis during the lactation cycle. BMC Genomics 9:366. doi:10.1186/1471-2164-9-366.

Bittante, G., C. Cipolat-Gotet, M. Pazzola, M.L. Dettori, G.M. Vacca, and A. Cecchinato. 2017. Genetic analysis of coagulation properties, curd firming modeling, milk yield, composition, and acidity in Sarda dairy sheep. J. Dairy Sci. 100:385-394. doi:10.3168/jds.2016-11212.

Boichard, D., H. Chung, R. Dassonneville, X. David, A. Eggen, S. Fritz, K.J. Gietzen, B.J. Hayes, C.T. Lawley, T.S. Sonstegard, C.P. Van Tassell, P.M. VanRaden, K.A. Viaud-Martinez, and G.R. Wiggans. 2012. Design of a bovine low-density SNP array optimized for imputation. PLoS One 7:e34130. doi:10.1371/journal.pone.0034130.

Bolger, A.M., M. Lohse, and B. Usadel. 2014. Trimmomatic: a flexible trimmer for Illumina sequence data. Bioinformatics 30:2114-2120. doi:10.1093/bioinformatics/btu170.

Bolormaa, S., K. Gore, J.H.J. van der Werf, B.J. Hayes, and H.D. Daetwyler. 2015. Design of a low-density SNP chip for the main Australian sheep breeds and its effect on imputation and genomic prediction accuracy. Anim. Genet. 46:544-556. doi:10.1111/age.12340.

Bolormaa, S., K. Gore, J.H.J. van der Werf, B.J. Hayes, and H.D. Daetwyler. 2015. Design of a low-density SNP chip for the main Australian sheep breeds and its effect on imputation and genomic prediction accuracy. Anim. Genet. 46:544-556. doi:10.1111/age.12340.

Brito, L.F., S.M. Clarke, J.C. McEwan, S.P. Miller, N.K. Pickering, W.E. Bain, K.G. Dodds, M. Sargolzaei, and F.S. Schenkel. 2017. Prediction of genomic breeding values for growth, carcass and meat quality traits in a multi-breed sheep population using a HD SNP chip. BMC Genet. 18:7. doi:10.1186/s12863-017-0476-8.

Browning, B.L., Y. Zhou, and S.R. Browning. 2018. A one-penny imputed genome from next-generation reference panels. Am. J. Hum. Genet. 103:338-348. doi:10.1016/j.ajhg.2018.07.015.

Browning, S.R., and B.L. Browning. 2007. Rapid and accurate haplotype phasing and missing-data inference for whole-genome association studies by use of localized haplotype clustering. Am. J. Hum. Genet. 81:1084-1097. doi:10.1086/521987.

Buitenhuis, B., N.A. Poulsen, G. Gebreyesus, and L.B. Larsen. 2016. Estimation of genetic parameters and detection of chromosomal regions affecting the major milk proteins and their post translational modifications in Danish Holstein and Danish Jersey cattle. BMC Genet. 2016 171 17:1-12. doi:10.1186/S12863-016-0421-2.

Bynum, D.G., and N.F. Olson. 1982. Standardization of a Device to Measure Firmness of Curd During Clotting of Milk. J. Dairy Sci. 65:1321-1324. doi:10.3168/jds.S0022-0302(82)82347-3.

Caballero-Villalobos, J., A. Figueroa, K. Xibrraku, E. Angón, J.M. Perea, and A. Garzón. 2018. Multivariate analysis of the milk coagulation process in ovine breeds from Spain. J. Dairy Sci. 101:10733-10742. doi:10.3168/jds.2018-14752.

Caraux, G., and S. Pinloche. 2005. PermutMatrix: a graphical environment to arrange gene expression profiles in optimal linear order. Bioinformatics. Appl. NOTE 21:1280-1281. doi:10.1093/bioinformatics/bti141.

Carta, A., S. Casu, and S. Salaris. 2009. Current state of genetic improvement in dairy sheep. J. Dairy Sci. 92:5814-5833. doi:10.3168/jds.2009-2479.

Cecchinato, A., S. Chessa, C. Ribeca, C. Cipolat-Gotet, T. Bobbo, J. Casellas, and G. Bittante. 2015. Genetic variation and effects of candidate-gene polymorphisms on coagulation properties, curd firmness modeling and acidity in milk from Brown Swiss cows. Animal 9:1104-1112. doi:10.1017/S1751731115000440.

Cellesi, M., F. Correddu, M.G. Manca, J. Serdino, G. Gaspa, C. Dimauro, and N.P.P. Macciotta. 2019. Prediction of milk coagulation properties and individual cheese yield in sheep using partial least squares regression. Animals 9:663. doi:10.3390/ani9090663.

Cesarani, A., G. Gaspa, F. Correddu, M. Cellesi, C. Dimauro, and N.P.P. Macciotta. 2019. Genomic selection of milk fatty acid composition in Sarda dairy sheep: Effect of different phenotypes and relationship matrices on heritability and breeding value accuracy. J. Dairy Sci. 102:3189-3203. doi:10.3168/jds.2018-15333.

Chambers, G.K., and E.S. MacAvoy. 2000. Microsatellites: Consensus and controversy. Comp. Biochem. Physiol. - B Biochem. Mol. Biol. 126:455-476. doi:10.1016/S0305-0491(00)00233-9.

Chessa, B., F. Pereira, F. Arnaud, A. Amorim, F. Goyache, I. Mainland, R.R. Kao, J.M. Pemberton, D. Beraldi, M.J. Stear, A. et. al. 2009. Revealing the history of sheep domestication using retrovirus integrations. Science 324:532-6. doi:10.1126/science.1170587.

Chitneedi, P.K., J.J. Arranz, A. Suarez-Vega, E. García-Gámez, and B. Gutiérrez-Gil. 2017. Estimations of linkage disequilibrium, effective population size and ROH-based inbreeding coefficients in Spanish Churra sheep using imputed high-density SNP genotypes. Anim. Genet. 48:436-446. doi:10.1111/age.12564.

Cingolani, P., A. Platts, L.L. Wang, M. Coon, T. Nguyen, L. Wang, S.J. Land, X. Lu, and D.M. Ruden. 2012. A program for annotating and predicting the effects of single nucleotide polymorphisms, SnpEff: SNPs in the genome of Drosophila melanogaster strain w1118; iso-2; iso-3. Fly (Austin). 6:80-92. doi:10.4161/fly.19695.

Corral, J.M., J.A. Padilla, and M. Izquierdo. 2010. Associations between milk protein genetic polymorphisms and milk production traits in Merino sheep breed. Livest. Sci. 129:73-79. doi:10.1016/j.livsci.2010.01.007.

Crisà, A., C. Marchitelli, L. Pariset, G. Contarini, F. Signorelli, F. Napolitano, G. Catillo, A. Valentini, and B. Moioli. 2010. Exploring polymorphisms and effects of candidate genes on milk fat quality in dairy sheep. J. Dairy Sci. 93:3834-3845. doi:10.3168/JDS.2009-3014.

Da Costa Perez, B. 2019. Strategies to improve results from genomic analyzes in small dairy cattle populations. Ph.D. Thesis. Universidade de São Paulo.

Dadousis, C., S. Pegolo, G.J.M. Rosa, G. Bittante, and A. Cecchinato. 2017. Genome-wide association and pathway-based analysis using latent variables related to milk protein composition and cheesemaking traits in dairy cattle. J. Dairy Sci. 100:9085-9102. doi:10.3168/jds.2017-13219.

Danecek, P., A. Auton, G. Abecasis, C.A. Albers, E. Banks, M.A. DePristo, R.E. Handsaker, G. Lunter, G.T. Marth, S.T. Sherry, G. McVean, and R. Durbin. 2011. The variant call format and VCFtools. Bioinformatics 27:2156-2158. doi:10.1093/bioinformatics/btr330.

de la Fuente, F., F. SanPrimitivo, T. López, and E. Merino. 1996. Aspectos problemáticos en el programa de selección de la raza churra. Feagas 10:46-48.

De la Fuente, L.F., D. Gabiña, N. Carolino, and E. Ugarte. 2006. The Awassi and Assaf breeds in Spain and Portugal. Page 79. 57th Annual Meeting of the European Association for Animal Production (EAAP), Antalya, Turkey.

Di Gerlando, R., A.M. Sutera, S. Mastrangelo, M. Tolone, B. Portolano, G. Sottile, A. Bagnato, M.G. Strillacci, and M.T. Sardina. 2019. Genome-wide association study between CNVs and milk production traits in Valle del Belice sheep. PLoS One 14:1-13. doi:10.1371/journal.pone.0215204.

Di Stasio, L. 2002. ISAG Panels of Markers for Parentage Verification. Accessed September 22, 2020. http://www.isag.us/Docs/consignmentforms/ 02_PVpanels_LPCGH.doc.

Dodds, K.G., M.L. Tate, and J.A. Sise. 2005. Genetic evaluation using parentage information from genetic markers. J. Anim. Sci. 83:2271-2279. doi:10.2527/2005.83102271x.

Doncheva, N.T., Y. Assenov, F.S. Domingues, and M. Albrecht. 2012. Topological analysis and interactive visualization of biological networks and protein structures. Nat. Protoc. 7:670-685. doi:10.1038/nprot.2012.004.

Druet, T., I.M. Macleod, and B.J. Hayes. 2014. Toward genomic prediction from whole-genome sequence data: impact of sequencing design on genotype imputation and accuracy of predictions. Heredity (Edinb). 112:39-47. doi:10.1038/ hdy.2013.13.

Duchemin, S.I., C. Colombani, A. Legarra, G. Baloche, H. Larroque, J.-M. Astruc, F. Barillet, C. Robert-Granié, and E. Manfredi. 2012. Genomic selection in the French Lacaune dairy sheep breed. J. Dairy Sci. 95:2723-2733. doi:10.3168/ jds.2011-4980.

FAOSTAT. Food and Agriculture Organization the United Nations Statistics Division. 2019. Accessed September 17, 2021. http://www.fao.org/faostat/.

Felsenstein, J. 1985. Confidence Limits on Phylogenies: an Approach Using the Bootstrap. Evolution (NY). 39:783-791. doi:10.2307/2408678.

Fonseca, P.A.S., A. Suárez-Vega, G. Marras, and Á. Cánovas. 2020. GALLO: An R package for genomic annotation and integration of multiple data sources in livestock for positional candidate loci. Gigascience 9:1-9. doi:10.1093/gigascience/giaa149.

Fox, P.F., T.P. Guinee, T.M. Cogan, P.L.H. McSweeney, P.F. Fox, T.P. Guinee, T.M. Cogan, and P.L.H. McSweeney. 2017. Cheese Yield. Springer US.

Frankham, R. 1996. Relationship of Genetic Variation to Population Size in Wildlife. Conserv. Biol. 10:1500-1508. doi:10.1046/j.1523-1739.1996.10061500.x.

Fuentes-Pardo, A.P., and D.E. Ruzzante. 2017. Whole-genome sequencing approaches for conservation biology: Advantages, limitations and practical recommendations. Mol. Ecol. 26:5369-5406. doi:10.1111/MEC.14264.

Gallagher, M.D., and A.S. Chen-Plotkin. 2018. The Post-GWAS Era: From Association to Function. Am. J. Hum. Genet. 102:717-730. doi:10.1016/J.AJHG.2018.04.002.

García-Fernández, M., B. Gutiérrez-Gil, E. García-Gámez, J.P. Sánchez, and J.J. Arranz. 2010. The identification of QTL that affect the fatty acid composition of milk on sheep chromosome 11. Anim. Genet. 41:324-328. doi:10.1111/j.1365-2052.2009.02000.x.

Garcia-Gámez, E., B. Gutiérrez-Gil, A. Suarez-Vega, L.F. de la Fuente, and J.J. Arranz. 2013. Identification of quantitative trait loci underlying milk traits in Spanish dairy sheep using linkage plus combined linkage disequilibrium and linkage analysis approaches. J. Dairy Sci. 96:6059-6069. doi:10.3168/JDS.2013-6824.

García-Gámez, E., B. Gutiérrez-Gil, G. Sahana, J.-P. Sánchez, Y. Bayón, and J.-J. Arranz. 2012a. GWA analysis for milk production traits in dairy sheep and genetic support for a QTN influencing milk protein percentage in the LALBA gene. PLoS One 7:e47782. doi:10.1371/journal.pone.0047782.

García-Gámez, E., G. Sahana, B. Gutiérrez-Gil, and J.-J. Arranz. 2012b. Linkage disequilibrium and inbreeding estimation in Spanish Churra sheep. BMC Genet. 13:43. doi:10.1186/1471-2156-13-43.

Geldermann, H., U. Pieper, and W.E. Weber. 1986. Effect of misidentification on the estimation of breeding value and heritability in cattle. J. Anim. Sci. 63:1759-1768. doi:10.2527/jas1986.6361759x.

Giambra, I.J., H. Brandt, and G. Erhardt. 2014. Milk protein variants are highly associated with milk performance traits in East Friesian Dairy and Lacaune sheep. Small Rumin. Res. 121:382-394. doi:10.1016/j.smallrumres.2014.09.001.

Gianola, D., G. de los Campos, W.G. Hill, E. Manfredi, and R. Fernando. 2009. Additive Genetic Variability and the Bayesian Alphabet. Genetics 183:347-363. doi:10.1534/GENETICS.109.103952.

Glover, K.A., M.M. Hansen, S. Lien, T.D. Als, B. Høyheim, and Ø. Skaala. 2010. A comparison of SNP and STR loci for delineating population structure and performing individual genetic assignment. BMC Genet. 11:2. doi:10.1186/1471-2156-11-2.

Guo, G., F. Zhao, Y. Wang, Y. Zhang, L. Du, and G. Su. 2014. Comparison of single-trait and multiple-trait genomic prediction models.

Gutiérrez, J.P., E. Legaz, and F. Goyache. 2007. Genetic parameters affecting 180-days standardised milk yield, test-day milk yield and lactation length in Spanish Assaf (Assaf.E) dairy sheep. Small Rumin. Res. 70:233-238. doi:10.1016/j.smallrumres.2006.03.009.

Gutiérrez-Gil, B., C. Esteban-Blanco, P. Wiener, P.K. Chitneedi, A. Suarez-Vega, and J.-J. Arranz. 2017. High-resolution analysis of selection sweeps identified between fine-wool Merino and coarse-wool Churra sheep breeds. Genet. Sel. Evol. 49:81. doi:10.1186/s12711-017-0354-x.

Gutiérrez-Gil, B., M.F. El-Zarei, Y. Bayón, L. Álvarez, L.F. De La Fuente, F. San Primitivo, and J.J. Arranz. 2007. Short communication: Detection of quantitative trait loci influencing somatic cell score in Spanish churra sheep. J. Dairy Sci. 90:422-426. doi:10.3168/jds.S0022-0302(07)72643-7.

Habier, D., R.L. Fernando, and J.C.M. Dekkers. 2009. Genomic Selection Using Low-Density Marker Panels. Genetics 182:343-353. doi:10.1534/GENETICS.108.100289.

Hayes, B., P. Bowman, H. Daetwyler, J. Kijas, and J. van der Werf. 2012. Accuracy of genotype imputation in sheep breeds. Anim. Genet. 43:72-80. doi:10.1111/J.1365-2052.2011.02208.X.

Hayes, H.C., and E.J. Petit. 1993. Mapping of the α-lactoglobulin gene and of an immunoglobulin M heavy chain-like sequence to homoeologous cattle, sheep, and goat chromosomes. Mamm. Genome 4:207-210. doi:10.1007/BF00417564.

Heaton, M.P., K.A. Leymaster, T.S. Kalbfleisch, J.W. Kijas, S.M. Clarke, J. McEwan, J.F. Maddox, V. Basnayake, D.T. Petrik, B. Simpson, T.P.L. et. al. 2014. SNPs for parentage testing and traceability in globally diverse breeds of sheep. PLoS One 9:e94851. doi:10.1371/journal.pone.0094851.

Henderson, C.R., and R.L. Quaas. 1976. Multiple Trait Evaluation Using Relatives' Records. J. Anim. Sci. 43:1188-1197. doi:10.2527/JAS1976.4361188X.

Hong, H., L. Xu, J. Liu, W.D. Jones, Z. Su, B. Ning, R. Perkins, W. Ge, K. Miclaus, L. Zhang, K. et. al. Wolfinger, F. Goodsaid, W. Tong, and L. Shi. 2012. Technical reproducibility of genotyping SNP arrays used in genome-wide association studies. PLoS One 7:e44483. doi:10.1371/journal.pone.0044483.

Hormozdiari, F., E.Y. Kang, M. Bilow, E. Ben-David, C. Vulpe, S. McLachlan, A.J. Lusis, B. Han, and E. Eskin. 2016. Imputing Phenotypes for Genome-wide Association Studies. Am. J. Hum. Genet. 99:89-103. doi:10.1016/j. ajhg.2016.04.013.

Jannink, J.-L., A.J. Lorenz, and H. Iwata. 2010. Genomic selection in plant breeding: from theory to practice. Brief. Funct. Genomics 9:166-177. doi:10.1093/ BFGP/ELQ001.

Jiménez, M.A., and J.J. Jurado. 2015. Study of quality of pedigree from Assaf breed in Spain. Pages 111:247-258. Información Técnica Económica Agraria.

Jones, A.G., C.M. Small, K.A. Paczolt, and N.L. Ratterman. 2010. A practical guide to methods of parentage analysis. Mol. Ecol. Resour. 10:6-30. doi:10.1111/ j.1755-0998.2009.02778.x.

Juárez, M., and M. Ramos. 2007. Physico-chemical characteristics of goat and sheep milk. Small Rumin. Res. 68:88-113. doi:10.1016/J.SMALL-RUMRES.2006.09.013.

Kijas, J.W., J.A. Lenstra, B. Hayes, S. Boitard, L.R. Neto, M.S. Cristobal, B. Servin, R. McCulloch, V. Whan, K. Gietzen, et. al. 2012. Genome-wide analysis of the world's sheep breeds reveals high levels of historic mixture and strong recent selection. PLoS Biol. 10. doi:10.1371/journal.pbio.1001258.

Koivula, M., I. Strandén, G. Su, and E.A. Mäntysaari. 2012. Different methods to calculate genomic predictions-Comparisons of BLUP at the single nucleotide polymorphism level (SNP-BLUP), BLUP at the individual level (G-BLUP), and the one-step approach (H-BLUP). J. Dairy Sci. 95:4065-4073. doi:10.3168/ JDS.2011-4874.

Korte, A., and A. Farlow. 2013. The advantages and limitations of trait analysis with GWAS : a review Self-fertilisation makes Arabidopsis particularly well suited to GWAS. Plant Methods 9:29.

Kumar, P., S. Henikoff, and P.C. Ng. 2009. Predicting the effects of coding non-synonymous variants on protein function using the SIFT algorithm. Nat. Protoc. 4:1073-1081. doi:10.1038/nprot.2009.86.

Legarra, A., and A. Reverter. 2018. Semi-parametric estimates of population accuracy and bias of predictions of breeding values and future phenotypes using the LR method. Genet. Sel. Evol. 50:53. doi:10.1186/s12711-018-0426-6.

Legarra, A., and E. Ugarte. 2005. Genetic parameters of udder traits, somatic cell score, and milk yield in Latxa sheep. J. Dairy Sci. 88:2238-2245. doi:10.3168/ jds.S0022-0302(05)72899-X.

Legarra, A., G. Baloche, F. Barillet, J.M. Astruc, C. Soulas, X. Aguerre, F. Arrese, L. Mintegi, M. Lasarte, F. Maeztu, I. Beltrán de Heredia, and E. Ugarte. 2014. Within- and across-breed genomic predictions and genomic relationships for

Western Pyrenees dairy sheep breeds Latxa, Manech, and Basco-Béarnaise. J. Dairy Sci. 97:3200-3212. doi:10.3168/JDS.2013-7745.

Legarra, A., I. Aguilar, and I. Misztal. 2009. A relationship matrix including full pedigree and genomic information. J. Dairy Sci. 92:4656-4663. doi:10.3168/jds.2009-2061.

Li, H., and R. Durbin. 2009. Fast and accurate short read alignment with Burrows-Wheeler transform. Bioinformatics 25:1754-1760. doi:10.1093/bioinformatics/btp324.

Li, H., B. Handsaker, A. Wysoker, T. Fennell, J. Ruan, N. Homer, G. Marth, G. Abecasis, R. Durbin, and 1000 Genome Project Data Processing Subgroup. 2009. The sequence alignment/map format and SAMtools. Bioinformatics 25:2078-2079. doi:10.1093/bioinformatics/btp352.

Lillehammer, M., A.K. Sonesson, G. Klemetsdal, T. Blichfeldt, and T.H.E. Meuwissen. 2020. Genomic selection strategies to improve maternal traits in Norwegian White Sheep. J. Anim. Breed. Genet. 137:384-394. doi:10.1111/jbg.12475.

Liu, A., M.S. Lund, D. Boichard, E. Karaman, S. Fritz, G.P. Aamand, U.S. Nielsen, Y. Wang, and G. Su. 2020. Improvement of genomic prediction by integrating additional single nucleotide polymorphisms selected from imputed whole genome sequencing data. Heredity (Edinb). 124:37-49. doi:10.1038/s41437-019-0246-7.

Lourenco, D., A. Legarra, S. Tsuruta, Y. Masuda, I. Aguilar, and I. Misztal. 2020. Single-Step Genomic Evaluations from Theory to Practice: Using SNP Chips and Sequence Data in BLUPF90. Genes 2020, Vol. 11, Page 790 11:790. doi:10.3390/GENES11070790.

Lourenco, D.A.L., S. Tsuruta, B.O. Fragomeni, Y. Masuda, I. Aguilar, A. Legarra, J.K. Bertrand, T.S. Amen, L. Wang, D.W. Moser, and I. Misztal. 2015. Genetic evaluation using single-step genomic best linear unbiased predictor in American Angus1. J. Anim. Sci. 93:2653-2662. doi:10.2527/jas.2014-8836.

Luigi-Sierra, M.G., E. Mármol-Sánchez, and M. Amills. 2020. Comparing the diversity of the casein genes in the Asian mouflon and domestic sheep. Anim. Genet. doi:10.1111/age.12937.

Lurueña-Martínez, M.A., C. Palacios, A.M. Vivar-Quintana, and I. Revilla. 2010. Effect of the addition of calcium soap to ewes' diet on fatty acid composition of ewe milk and subcutaneous fat of suckling lambs reared on ewe milk. Meat Sci. 84:677-683. doi:10.1016/j.meatsci.2009.11.002.

Macedo, F.L., A. Reverter, and A. Legarra. 2020. Behavior of the Linear Regression method to estimate bias and accuracies with correct and incorrect genetic evaluation models. J. Dairy Sci. 103:529-544. doi:10.3168/JDS.2019-16603.

Marina, H., A. Reverter, B. Gutiérrez-Gil, P.A. Alexandre, L.R. Porto-Neto, A. Suárez-Vega, Y. Li, C. Esteban-Blanco, and J.-J. Arranz. 2020a. Gene networks driving genetic variation in milk and cheese-making traits of Spanish Assaf sheep. Genes (Basel). 11:715. doi:10.3390/genes11070715.

Marina, H., A. Reverter, B. Gutiérrez-Gil, P.A. Alexandre, R. Pelayo, A. Suárez-Vega, and J.-J. Arranz. 2020b. A multiple-phenotype imputation procedure as a method for prediction of cheese-making efficiency in Spanish Assaf sheep. Journal of Animal Science. 98:12. doi: 10.1093/JAS/SKAA370.

Marina, H., A. Suarez-Vega, R. Pelayo, B. Gutiérrez-Gil, A. Reverter, C. Esteban-Blanco, and J.J. Arranz. 2021b. Accuracy of Imputation of Microsatellite Markers from a 50K SNP Chip in Spanish Assaf Sheep. Animals 11:86. doi:10.3390/ani11010086.

Marina, H., R. Pelayo, A. Suárez-Vega, B. Gutiérrez-Gil, C. Esteban-Blanco, and J.J. Arranz. 2021a. Genome-wide association studies (GWAS) and post-GWAS analyses for technological traits in Assaf and Churra dairy breeds. J. Dairy Sci.. doi:10.3168/JDS.2021-20510.

Martin, P., I. Palhière, C. Maroteau, V. Clément, I. David, G.T. Klopp, and R. Rupp. 2018. Genome-wide association mapping for type and mammary health traits in French dairy goats identifies a pleiotropic region on chromosome 19 in the Saanen breed. J. Dairy Sci. 101:5214-5226. doi:10.3168/jds.2017-13625.

Martin, P., M. Szymanowska, L. Zwierzchowski, C. Leroux, and P. Martin. 2002. The impact of genetic polymorphisms on the protein composition of ruminant milks. Reprod. Nutr. Dev 42:433. doi:10.1051/rnd:2002036ï.

Martin, P., M. Szymanowska, L. Zwierzchowski, C. Leroux, and P. Martin. 2002. The impact of genetic polymorphisms on the protein composition of ruminant milks. Reprod. Nutr. Dev 42:433. doi:10.1051/rnd:2002036ï.

McClure, M., T. Sonstegard, G. Wiggans, and C.P. Van Tassell. 2012. Imputation of Microsatellite Alleles from Dense SNP Genotypes for Parental Verification. Front. Genet. 3:140. doi:10.3389/fgene.2012.00140.

McKenna, A., M. Hanna, E. Banks, A. Sivachenko, K. Cibulskis, A. Kernytsky, K. Garimella, D. Altshuler, S. Gabriel, M. Daly, and M.A. DePristo. 2010. The Genome Analysis Toolkit: a MapReduce framework for analyzing next-generation DNA sequencing data. Genome Res. 20:1297-303. doi:10.1101/gr.107524.110.

McLaren, W., B. Pritchard, D. Rios, Y. Chen, P. Flicek, and F. Cunningham. 2010. Deriving the consequences of genomic variants with the Ensembl API and SNP Effect Predictor. Bioinformatics 26:2069-2070. doi:10.1093/bioinformatics/btq330.

McMahon, D.J., and R.J. Brown. 1982. Evaluation of Formagraph for Comparing Rennet Solutions. J. Dairy Sci. 65:1639-1642. doi:10.3168/JDS.S0022-0302(82)82390-4.

Meuwissen, T.H.E., B.J. Hayes, and M.E. Goddard. 2001. Prediction of total genetic value using genome-wide dense marker maps. Genetics 157:1819-1829.

Misztal, I., I. Aguilar, D. Lourenco, L. Ma, J.P. Steibel, and M. Toro. 2021. Emerging issues in genomic selection. J. Anim. Sci. 99:1-14. doi:10.1093/JAS/SKAB092.

Misztal, I., S. Tsuruta, D. Lourenco, I. Aguilar, A. Legarra, and Z. Vitezica. 2019. Manual for BLUPF90 Family of Programs. Accessed October 15, 2019. http://nce.ads.uga.edu/wiki/lib/exe/fetch.php?media=blupf90_all2.pdf.

Moghaddar, N., M. Khansefid, J.H.J. Van Der Werf, S. Bolormaa, N. Duijvesteijn, S.A. Clark, A.A. Swan, H.D. Daetwyler, and I.M. MacLeod. 2019. Genomic prediction based on selected variants from imputed whole-genome sequence data in Australian sheep populations. Genet. Sel. Evol. 51:1-14. doi:10.1186/s12711-019-0514-2.

Moioli, B., F. Pilla, and C. Tripaldi. 1998. Detection of milk protein genetic polymorphisms in order to improve dairy traits in sheep and goats: a review. Small Rumin. Res. 27:185-195. doi:10.1016/S0921-4488(97)00053-9.

Moioli, B., M. D'Andrea, and F. Pilla. 2007. Candidate genes affecting sheep and goat milk quality. Small Rumin. Res. 68:179-192. doi:10.1016/J.SMALL-RUMRES.2006.09.008.

Moioli, B., M.C. Scatà, G. De Matteis, G. Annicchiarico, G. Catillo, and F. Napolitano. 2013. The ACACA gene is a potential candidate gene for fat content in sheep milk. Anim. Genet. 44:601-603. doi:10.1111/age.12036.

Mokry, F.B., M.E. Buzanskas, M. de Alvarenga Mudadu, D. do Amaral Grossi, R.H. Higa, R.V. Ventura, A.O. de Lima, M. Sargolzaei, S.L.C. Meirelles, F.S. Schenkel, M.V.G.B. da Silva, S.C.M. Niciura, M.M. de Alencar, D.P. Munari, and L.C. de Almeida Regitano. 2014. Linkage disequilibrium and haplotype block structure in a composite beef cattle breed. BMC Genomics 15:1-9. doi:10.1186/1471-2164-15-S7-S6.

Mrode, R.A. 2014. Linear Models for the Prediction of Animal Breeding Values. 3rd ed. CABI, Oxfordshire, UK.

Naval-Sanchez, M., Q. Nguyen, S. McWilliam, L.R. Porto-Neto, R. Tellam, T. Vuocolo, A. Reverter, M. Perez-Enciso, R. Brauning, S. Clarke, et. al. 2018. Sheep genome functional annotation reveals proximal regulatory elements contributed to the evolution of modern breeds article. Nat. Commun. 9:1-13. doi:10.1038/s41467-017-02809-1.

Noce, A., M. Pazzola, M.L. Dettori, M. Amills, A. Castelló, A. Cecchinato, G. Bittante, and G.M. Vacca. 2016. Variations at regulatory regions of the milk protein genes are associated with milk traits and coagulation properties in the Sarda sheep. Anim. Genet. 47:717-726. doi:10.1111/age.12474.

O'Brien, A.C., M.M. Judge, S. Fair, and D.P. Berry. 2019. High imputation accuracy from informative low-to-medium density single nucleotide polymorphism genotypes is achievable in sheep. J. Anim. Sci. 97:1550-1567. doi:10.1093/jas/skz043.

Ogorevc, J., T. Kunej, A. Razpet, and P. Dovc. 2009. Database of cattle candidate genes and genetic markers for milk production and mastitis. Anim. Genet. 40:832-851. doi:10.1111/j.1365-2052.2009.01921.x.

Othmane, M.H., J. Carriedo, F. San Primitivo, and L. De la Fuente. 2002a. Genetic parameters for lactation traits of milking ewes: protein content and composition, fat, somatic cells and individual laboratory cheese yield. Genet. Sel. Evol. 34:581. doi:10.1186/1297-9686-34-5-581.

Othmane, M.H., L.F. De La Fuente, J.A. Carriedo, and F. San Primitivo. 2002. Heritability and genetic correlations of test day milk yield and composition, individual laboratory cheese yield, and somatic cell count for dairy ewes. J. Dairy Sci. 85:2692-2698. doi:10.3168/jds.S0022-0302(02)74355-5.

Otto, P.I., S.E.F. Guimarães, M.P.L. Calus, J. Vandenplas, M.A. Machado, J.C.C. Panetto, M. Vinícius, and G.B. Silva. 2020. Single-step genome-wide association studies (GWAS) and post-GWAS analyses to identify genomic regions and candidate genes for milk yield in Brazilian Girolando cattle. doi:10.3168/jds.2019-17890.

Padilla, P., M. Izquierdo, M. Martínez-Trancón, J.C. Parejo, A. Rabasco, J. Salazar, and J.Á. Padilla. 2018. Polymorphisms of α-lactoalbumin, β-lactoglobulin and prolactin genes are highly associated with milk composition traits in Spanish Merino sheep. Livest. Sci. 217:26-29. doi:10.1016/J.LIVSCI.2018.09.012.

Pappa, E.C., I. Kandarakis, E.M. Anifantakis, and G.K. Zerfiridis. 2006. Influence of types of milk and culture on the manufacturing practices, composition and sensory characteristics of Teleme cheese during ripening. Food Control 17:570-581. doi:10.1016/j.foodcont.2005.03.004.

Pazzola, M. 2019. Coagulation Traits of Sheep and Goat Milk. Animals 9:540. doi:10.3390/ani9080540.

Pazzola, M., C. Cipolat-Gotet, G. Bittante, A. Cecchinato, M. Dettori, and G.M. Vacca. 2018. Phenotypic and genetic relationships between indicators of the mammary gland health status and milk composition, coagulation, and curd firming in dairy sheep. J. Dairy Sci. 101:3164-3175. doi:10.3168/jds.2017-13975.

Pazzola, M., M.L. Dettori, C. Cipolat-Gotet, A. Cecchinato, G. Bittante, and G.M. Vacca. 2014. Phenotypic factors affecting coagulation properties of milk from Sarda ewes. J. Dairy Sci. 97:7247-7257. doi:10.3168/jds.2014-8138.

Pazzola, M., M.L. Dettori, E. Pira, A. Noce, P. Paschino, and G.M. Vacca. 2014. Effect of polymorphisms at the casein gene cluster on milk renneting properties of the Sarda goat. Small Rumin. Res. 117:124-130. doi:10.1016/J.SMALL-RUMRES.2013.12.004.

Pelayo, R., B. Gutiérrez-Gil, A. Garzón, C. Esteban-Blanco, H. Marina, and J.J. Arranz. 2021. Estimation of genetic parameters for cheese-making traits in Spanish Churra sheep. J. Dairy Sci.. doi:10.3168/jds.2020-19387.

Pelayo, R., M. Ramón, I. Granado-Tajada, E. Ugarte, M. Serrano, B. Gutiérrez-Gil, and J.-J. Arranz. 2019. Estimation of the Genetic Parameters for Semen Traits in Spanish Dairy Sheep. Animals 9:1-11. doi:10.3390/ani9121147.

Poland, J., J. Endelman, J. Dawson, J. Rutkoski, S. Wu, Y. Manes, S. Dreisigacker, J. Crossa, H. Sánchez-Villeda, M. Sorrells, and J.-L. Jannink. 2012. Genomic Selection in Wheat Breeding using Genotyping-by-Sequencing. Plant Genome 5:103-113. doi:10.3835/plantgenome2012.06.0006.

Prieur, V., S.M. Clarke, L.F. Brito, J.C. McEwan, M.A. Lee, R. Brauning, K.G. Dodds, and B. Auvray. 2017. Estimation of linkage disequilibrium and effective population size in New Zealand sheep using three different methods to create genetic maps. BMC Genet. 18:68. doi:10.1186/s12863-017-0534-2.

Purcell, S., B. Neale, K. Todd-Brown, L. Thomas, M.A.R. Ferreira, D. Bender, J. Maller, P. Sklar, P.I.W. de Bakker, M.J. Daly, and P.C. Sham. 2007. PLINK: A tool set for whole-genome association and population-based linkage analyses. Am. J. Hum. Genet. 81:559-575. doi:10.1086/519795.

Putz, A.M., F. Tiezzi, C. Maltecca, K.A. Gray, and M.T. Knauer. 2018. A comparison of accuracy validation methods for genomic and pedigree-based predictions of swine litter size traits using Large White and simulated data. J. Anim. Breed. Genet. 135:5-13. doi:10.1111/jbg.12302.

Ramos, A.M., C.A.P. Matos, P.A. Russo-Almeida, C.M.V. Bettencourt, J. Matos, A. Martins, C. Pinheiro, and T. Rangel-Figueiredo. 2009. Candidate genes for milk production traits in Portuguese dairy sheep. Small Rumin. Res. 82:117-121. doi:10.1016/J.SMALLRUMRES.2009.02.007.

Raoul, J., A.A. Swan, and J.-M. Elsen. 2017. Using a very low-density SNP panel for genomic selection in a breeding program for sheep.. Genet. Sel. Evol. 49:76. doi:10.1186/s12711-017-0351-0.

Raynal-Ljutovac, K., G. Lagriffoul, P. Paccard, I. Guillet, and Y. Chilliard. 2008. Composition of goat and sheep milk products: An update. Small Rumin. Res. 79:57-72. doi:10.1016/J.SMALLRUMRES.2008.07.009.

Reverter, A., S. Dominik, J.B.S. Ferraz, L. Corrigan, and L.R. Porto-Neto. 2019. Pedigromics: a network-inspired approach to visualise and analyse pedigree structures. Proc. Assoc. Advmt. Anim. Breed. Genet. 23:540-543.

Revilla, I., M.A. Lurueña-Martínez, and A.M. Vivar-Quintana. 2009. Influence of somatic cell counts and breed on physico-chemical and sensory characteristics of hard ewes'-milk cheeses. J. Dairy Res. 76:283-289. doi:10.1017/S0022029909004087.

Robenek, H., O. Hofnagel, I. Buers, S. Lorkowski, M. Schnoor, M.J. Robenek, H. Heid, D. Troyer, and N.J. Severs. 2006. Butyrophilin controls milk fat globule secretion. Proc. Natl. Acad. Sci. U. S. A. 103:10385-10390. doi:10.1073/pnas.0600795103.

Rupp, R., P. Senin, J. Sarry, C. Allain, C. Tasca, L. Ligat, D. Portes, F. Woloszyn, O. Bouchez, G. Tabouret, M. Lebastard, C. Caubet, G. Foucras, and G. Tosser-Klopp. 2015. A Point Mutation in Suppressor of Cytokine Signalling 2 (Socs2) Increases the Susceptibility to Inflammation of the Mammary Gland while Associated with Higher Body Weight and Size and Higher Milk Production in a Sheep Model. PLOS Genet. 11:e1005629. doi:10.1371/journal.pgen.1005629.

Rupp, R., S. Mucha, H. Larroque, J. McEwan, and J. Conington. 2016. Genomic application in sheep and goat breeding. Anim. Front. 6:39-44. doi:10.2527/af.2016-0006.

Russell, T.D., C.A. Palmer, D.J. Orlicky, E.S. Bales, B.H.-J. Chang, L. Chan, and J.L. McManaman. 2008. Mammary glands of adipophilin-null mice produce an amino-terminally truncated form of adipophilin that mediates milk lipid droplet formation and secretion. J. Lipid Res. 49:206-216. doi:10.1194/jlr.M700396-JLR200.

Saini, S., I. Mitra, N. Mousavi, S.F. Fotsing, and M. Gymrek. 2018. A reference haplotype panel for genome-wide imputation of short tandem repeats. Nat. Commun. 9. doi:10.1038/s41467-018-06694-0.

Sanchez, M.P., Y. Ramayo-Caldas, V. Wolf, C. Laithier, M. El Jabri, A. Michenet, M. Boussaha, S. Taussat, S. Fritz, A. Delacroix-Buchet, M. Brochard, and D. Boichard. 2019. Sequence-based GWAS, network and pathway analyses reveal genes co-associated with milk cheese-making properties and milk composition in Montbéliarde cows. Genet. Sel. Evol. 51. doi:10.1186/s12711-019-0473-7.

Sánchez-Mayor, M., R. Pong-Wong, B. Gutiérrez-Gil, A. Garzón, L.F. de la Fuente, and J.J. Arranz. 2019. Phenotypic and genetic parameter estimates of cheese-making traits and their relationships with milk production, composition and functional traits in Spanish Assaf sheep. Livest. Sci. 228:76-83. doi:10.1016/j.livsci.2019.08.004.

Sanz, A., C. Serrano, B. Ranera, E. Dervishi, P. Zaragoza, J.H. Calvo, and C. Rodellar. 2015. Novel polymorphisms in the 5′UTR of FASN, GPAM, MC4R and PLIN1 ovine candidate genes: Relationship with gene expression and diet. Small Rumin. Res. 123:70-74. doi:10.1016/J.SMALLRUMRES.2014.10.010.

Scatà, M.C., F. Napolitano, S. Casu, A. Carta, G. De Matteis, F. Signorelli, G. Annicchiarico, G. Catillo, and B. Moioli. 2009. Ovine acyl CoA: diacyl-glycerol acyltransferase 1-molecular characterization, polymorphisms and association with milk traits. Anim. Genet. 40:737-742. doi:10.1111/j.1365-2052.2009.01909.x.

Selvaggi, M., V. Laudadio, C. Dario, and V. Tufarelli. 2014. Investigating the ge-netic polymorphism of sheep milk proteins: a useful tool for dairy production. J. Sci. Food Agric. 94:3090-3099. doi:10.1002/jsfa.6750.

Selvaggi, M., V. Laudadio, C. Dario, and V. Tufarelli. 2015. β-Lactoglobulin Gene Polymorphisms in Sheep and Effects on Milk Production Traits: A Review. Adv. Anim. Vet. Sci. 3:478-484. doi:10.14737/journal.aavs/2015/3.9.478.484.

Sharma, A., J.-E. Park, B. Park, M.-N. Park, S.-H. Roh, W.-Y. Jung, S.-H. Lee, H.-H. Chai, G.-W. Chang, Y.-M. Cho, and D. Lim. 2018. Accuracy of imputa-tion of microsatellite markers from BovineSNP50 and BovineHD BeadChip in Hanwoo population of Korea. Genomics Inform. 16:10-13. doi:10.5808/gi.2018.16.1.10.

Sheep Genome Assembly v3.1. 2012. Accessed July 4, 2018. http://www.ensembl.org/Ovis_aries/Info/Index.

Shumbusho, F., J. Raoul, J. Astruc, I. Palhiere, and J. Elsen. 2013. Potential benefits of genomic selection on genetic gain of small ruminant breeding programs. J. Anim. Sci. 91:3644-3657. doi:10.2527/JAS.2012-6205.

Singh, L.V., S. Jayakumar, A. Sharma, S.K. Gupta, S.P. Dixit, N. Gupta, and S.C. Gupta. 2015. Comparative screening of single nucleotide polymorphisms in β-casein and κ-casein gene in different livestock breeds of India. Meta Gene 4:85-91. doi:10.1016/j.mgene.2015.03.005.

Strucken, E.M., S.H. Lee, H.K. Lee, K.D. Song, J.P. Gibson, and C. Gondro. 2016. How many markers are enough? Factors influencing parentage testing in di-fferent livestock populations. J. Anim. Breed. Genet. 133:13-23. doi:10.1111/jbg.12179.

Suárez-Vega, A., B. Gutiérrez-Gil, and J.J. Arranz. 2016. Transcriptome expression analysis of candidate milk genes affecting cheese-related traits in 2 sheep bre-eds. J. Dairy Sci. 99:6381-6390. doi:10.3168/jds.2016-11048.

Suárez-Vega, A., B. Gutiérrez-Gil, C. Klopp, C. Robert-Granie, G. Tosser-Klopp, and J.J. Arranz. 2015. Characterization and comparative analysis of the milk transcriptome in two dairy sheep breeds using RNA sequencing. Sci. Rep. 5:18399. doi:10.1038/srep18399.

Suárez-Vega, A., B. Gutiérrez-Gil, C. Klopp, G. Tosser-Klopp, and J.J. Arranz. 2017. Variant discovery in the sheep milk transcriptome using RNA sequencing. BMC Genomics 18:170. doi:10.1186/s12864-017-3581-1.

Suárez-Vega, A., B. Gutiérrez-Gil, I. Cuchillo-Ibáñez, J. Saéz-Valero, V. Pérez, E. Garciá-Gámez, J. Benavides, and J.J. Arranz. 2013. Identification of a 31-bp deletion in the RELN gene causing lissencephaly with cerebellar hypoplasia in sheep. PLoS One 8:1-12. doi:10.1371/journal.pone.0081072.

Tacken, P.J., M.H. Hofker, L.M. Havekes, and K.W. van Dijk. 2001. Living up to a name: the role of the VLDL receptor in lipid metabolism. Curr. Opin. Lipidol. 12:275-9.

Tamura, K., M. Nei, and S. Kumar. 2004. Prospects for inferring very large phylogenies by using the neighbor-joining method. Proc. Natl. Acad. Sci. U. S. A. 30:11030-11035; doi:10.1073/pnas.0404206101

Tribout, T., P. Croiseau, R. Lefebvre, A. Barbat, M. Boussaha, S. Fritz, D. Boichard, C. Hoze, and M.-P. Sanchez. 2020. Confirmed effects of candidate variants for milk production, udder health, and udder morphology in dairy cattle. Genet. Sel. Evol. 2020 521 52:1-26. doi:10.1186/S12711-020-00575-1.

VanRaden, P., M. Tooker, J. Wright, C. Sun, and J. Hutchison. 2014. Comparison of single-trait to multi-trait national evaluations for yield, health, and fertility. doi:10.3168/jds.2014-8489.

VanRaden, P.M. 2008. Efficient Methods to Compute Genomic Predictions. J. Dairy Sci. 91:4414-4423. doi:10.3168/jds.2007-0980.

Velazco, J.G., D.R. Jordan, E.S. Mace, C.H. Hunt, M. Malosetti, and F.A. van Eeuwijk. 2019. Genomic Prediction of Grain Yield and Drought-Adaptation Capacity in Sorghum Is Enhanced by Multi-Trait Analysis. Front. Plant Sci. 0:997. doi:10.3389/FPLS.2019.00997.

Ventura, R. V, S.P. Miller, K.G. Dodds, B. Auvray, M. Lee, M. Bixley, S.M. Clarke, and J.C. Mcewan. 2016. Assessing accuracy of imputation using different SNP panel densities in a multi-breed sheep population. Genet. Sel. Evol. 48:71. doi:10.1186/s12711-016-0244-7.

Wang, M.H., H.J. Cordell, and K. Van Steen. 2018. Statistical methods for genome-wide association studies. Semin. Cancer Biol. doi:10.1016/J.SEMCANCER.2018.04.008.

Weller, J.I., and M. Ron. 2011. Invited review: Quantitative trait nucleotide determination in the era of genomic selection. J. Dairy Sci. 94:1082-1090. doi:10.3168/jds.2010-3793.

Wu, XL., J. Xu, H. Li, R. Ferretti, J. He, J. Qiu, Q. Xiao, B. Simpson, T. Michell, S.D. Kachman, R.G. Tait, and S. Bauck. 2019. Evaluation of genotyping concordance for commercial bovine SNP arrays using quality☐assurance samples. Anim. Genet. age.12800. doi:10.1111/age.12800.

Wu, Y., H. Fan, Y. Wang, L. Zhang, X. Gao, Y. Chen, J. Li, H. Ren, and H. Gao. 2014. Genome-wide association studies using haplotypes and individual SNPs in simmental cattle. PLoS One 9:e109330. doi:10.1371/journal.pone.0109330.

Wysoker, A., K. Tibbetts, M. McCowan, N. Homer, and T. Fennell. 2019. Picard Toolkit. Accessed July 3, 2018. http://broadinstitute.github.io/picard/.

Xu, X., and G. Bai. 2015. Whole-genome resequencing: changing the paradigms of SNP detection, molecular mapping and gene discovery. Mol. Breed. 2015 351 35:1-11. doi:10.1007/S11032-015-0240-6.

Yates, A.D., P. Achuthan, W. Akanni, J. Allen, J. Allen, J. Alvarez-Jarreta, M.R. Amode, I.M. Armean, A.G. Azov, R. Bennett, J. et. al. 2020. Ensembl 2020. Nucleic Acids Res. 48:D682-D688. doi:10.1093/nar/gkz966.

Yoshida, G.M., and J.M. Yáñez. 2021. Multi-trait GWAS using imputed high-density genotypes from whole-genome sequencing identifies genes associated with body traits in Nile tilapia. BMC Genomics 2021 221 22:1-13. doi:10.1186/S12864-020-07341-Z.

Yoshida, G.M., R. Carvalheiro, J.P. Lhorente, K. Correa, R. Figueroa, R.D. Houston, and J.M. Yáñez. 2018. Accuracy of genotype imputation and genomic predictions in a two-generation farmed Atlantic salmon population using high-density and low-density SNP panels. Aquaculture 491:147-154. doi:10.1016/j.aquaculture.2018.03.004.

Yousefi, S., M.A. Azari, S. Zerehdaran, and R. Samiee. 2013. Effect of β-lactoglobulin and κ-casein genes polymorphism on milk composition in indigenous Zel sheep. Arch. Tierzucht. 56:216-224. doi:10.7482/0003-9438-56-021.

Yu, G., D.K. Smith, H. Zhu, Y. Guan, and T.T.-Y. Lam. 2017. ggtree: an r package for visualization and annotation of phylogenetic trees with their covariates and other associated data. Methods Ecol. Evol. 8:28-36. doi:10.1111/2041-210X.12628.

Zhang, P., X. Zhan, N.A. Rosenberg, and S. Zöllner. 2013. Genotype imputation reference panel selection using maximal phylogenetic diversity. Genetics 195:319-330. doi:10.1534/genetics.113.154591.